学术系列丛书

福州市规划设计研究院集团有限公司

古厝修缮

——福州古建筑修缮技法研究

罗景烈　陈晓娟　著

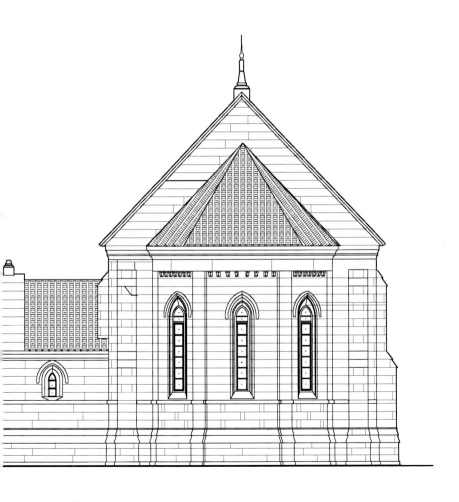

U0383037

中国建筑工业出版社

图书在版编目（CIP）数据

古厝修缮：福州古建筑修缮技法研究 / 罗景烈，陈
晓娟著. —北京：中国建筑工业出版社，2024.12
（福州市规划设计研究院集团有限公司学术系列丛书）
ISBN 978-7-112-29724-5

Ⅰ. ①古… Ⅱ. ①罗… ②陈… Ⅲ. ①古建筑—修缮
加固—研究—福州 Ⅳ. ①TU746.3

中国国家版本馆CIP数据核字（2024）第070525号

责任编辑：胡永旭　唐　旭　吴　绫
文字编辑：陈　畅　李东禧
书籍设计：锋尚设计
责任校对：张辰双

福州市规划设计研究院集团有限公司学术系列丛书
古厝修缮——福州古建筑修缮技法研究
罗景烈　陈晓娟　著

*

中国建筑工业出版社出版、发行（北京海淀三里河路9号）
各地新华书店、建筑书店经销
北京锋尚制版有限公司制版
天津裕同印刷有限公司印刷

*

开本：889毫米×1194毫米　1/20　印张：11⅜　字数：296千字
2024年7月第一版　　2024年7月第一次印刷
定价：**168.00**元
ISBN 978-7-112-29724-5
（39686）

福之青山，园入城；

福之碧水，流万家；

福之坊厝，承古韵；

福之路桥，通江海；

福之慢道，亲老幼；

福之新城，谋发展。

从快速城市化的规模扩张转变到以人民为中心、贴近生活的高质量建设、高品质生活、高颜值景观、高效率运转的新时代城市建设，是福州市十多年来持续不懈的工作。一手抓新城建设疏解老城，拓展城市与产业发展新空间；一手抓老城存量提升和城市更新高质量发展，福州正走出福城新路。

作为福州市委、市政府的城建决策智囊团和技术支撑，福州市规划设计研究院集团有限公司以福州城建为己任，贴身服务，多专业协同共进，以勘测为基础，以规划为引领，建筑、市政、园林、环境工程、文物保护多专业协同并举，全面参与完成了福州新区滨海新城规划建设、城区环境综合整治、生态公园、福道系统、水环境综合治理、完整社区和背街小巷景观提升、治堵工程等一系列重大攻坚项目的规划设计工作，胜利完成了海绵城市、城市双修、黑臭水体治理、城市体检、历史建筑保护、闽江流域生态保护修复、滨海生态体系建设等一系列国家级试点工作，得到有关部委和专家的肯定。

"七溜八溜不离福州"，在福州可溜园，可溜河湖，可溜坊巷，可溜古厝，可溜步道，可溜海滨，这才可不离福州，才是以民为心；加之中国宜居城市、中国森林城市、中国历史文化名城、中国十大美好城市、中国活力之城、国家级福州新区等一系列城市荣誉和称谓，再次彰显出有福之州、幸福之城的特质，这或许就是福州打造现代化国际城市的根本。

福州市规划设计研究院集团有限公司甄选总结了近年来在福州城市高质量发展方面的若干重大规划设计实践及研究成果，而得有成若干拙著：

凝聚而成福州名城古厝保护实践的《古厝重生》、福州古建筑修缮技法的《古厝修缮》和闽都古建遗徽的《如翚斯飞》来展示福之坊厝；

凝聚而成福州传统园林造园艺术及保护的《闽都园林》和晋安公园规划设计实践的《城园同构　蓝绿交织》来展示福之园林；

凝聚而成福州市水系综合治理探索实践的《海纳百川　水润闽都》来展示福之碧水；

凝聚而成福州城市立交发展与实践的《榕城立交》来展示福之路桥；

凝聚而成福州山水历史文化名城慢行生活的《山水慢行　有福之道》来展示福之慢道；

凝聚而成福州滨海新城全生命周期规划设计实践的《向海而生　幸福之城》来展示福之新城。

幸以此系列丛书致敬福州城市发展的新时代！本丛书得以出版，衷心感谢福州市委、市政府、福州新区管委会和相关部门的大力支持，感谢业主单位、合作单位的共同努力，感谢广大专家、市民、各界朋友的关心信任，更感谢全体员工的辛勤付出。希望本系列丛书能起到抛砖引玉的作用，得到城市规划、建设、研究和管理者的关注与反馈，也希望我们的工作能使这座城市更美丽，生活更美好！

福州市规划设计研究院集团有限公司

党委书记、董事长

高学珑

2023年3月

福州，一座有着2200年建城史的国家历史文化名城，极具特色的"环山、沃野、依江、吻海"的山水城格局与古厝文化赋予了福州古城"根"与"魂"。

十多年来，福州市委、市政府贯彻落实习近平总书记《〈福州古厝〉序》以及关于文物工作的系列重要论述精神，大力推动福州古厝文化遗产的保护工作：依托历史文化街区、风貌区的保护，从单纯的文物建筑保护，到带动历史建筑、风貌建筑的修缮与利用，逐步建立起从普查认定、公布挂牌、定线落图、保护图则编制到保护修缮、利用运维、监测监管、智慧管理的福州古厝"全生命周期"保护体系。正是这一系列开创性的工作理念和实践方法，为延续福州古城的"根"与"魂"奠定了坚实基础。

在福州古厝文化遗产"全生命周期"保护过程中，保护修缮是重要的一环，也是一个高度专业性的工作，勘察设计的科学性与准确性直接影响着福州古厝文化遗产的保护质量。良好的勘察设计工作对于保护修复工程的整个过程至关重要，也为古厝文化遗产的"全生命周期"管理奠定基础。

在政府主导下，福州古厝文化遗产的保护修缮工作全面推进，福州陆续修缮全国重点文物保护单位24处，文物古建筑、历史建筑1100多处。多年来，我司古建所承担了三坊七巷、朱紫坊、上下杭、鼓岭、南公园、梁厝、连江魁龙坊等历史文化街区的保护修复及活化利用工作，修复了大批濒临毁坏的文物古建筑，使得福州古厝文化遗产得到了有效的保护。

保护修缮是一项高度专业性的工作，其以尊重真实性为依据，对历史价值的保护是福州古厝保护实践最基本、最核心的内容，要正确理解福州古厝保护修缮的基本原则，充分发掘、记录并保存福州古厝所携带的有价值的历史信息。

福州古厝不仅涉及不可移动文物，还涉及历史建筑、传统风貌建筑。前者侧重保护，历史建筑与传统风貌建筑则在保护的基础上对于活化利用提出了更高的要求。本书侧重以不可移动文物保护修缮的典型案例展开分析，历史建筑、传统风貌建筑核心价值要素的保护修缮以此为参考。

　　本书结合我司承接的福州古厝保护修缮实践工作，梳理了福州古厝的类型、演进特征、修缮技术要点以及典型案例的修缮技术路线和措施。书中精选了各个类型具有代表性的福州古厝的保护修缮实践，对相应的技术措施进行梳理总结，以期对未来福州古厝的保护修缮起到一定的借鉴作用，同时在修缮以及活化利用历史建筑、传统风貌建筑的过程中更好地把握核心价值要素。

目录

总　序

前　言

第一章
福州古厝的类型　001

第一节　福州古厝相关的定义　002
　　一、不可移动文物　002
　　二、历史建筑　003
　　三、传统风貌建筑　004

第二节　福州古厝建筑的类型　004

第三节　福州古厝保护修缮工程类型　005
　　一、保护维护工程（日常养护工程）　005
　　二、抢险加固工程（应急抢修工程）　006
　　三、修缮工程　006

第四节　保护性设施建设工程　009

第五节　迁移（迁建）工程　010

第二章
福州古厝的演进　011

第一节　影响要素　012
　　一、地理与气候条件　012
　　二、人文环境　016

第二节　演进过程　022

一、明代建筑特征   022

二、清代建筑特征   024

三、民国建筑特征   027

第三章
福州古厝保护修缮的技术要点   031

第一节　不可移动文物修缮的技术要点   032

一、保护依据与原则   032

二、修缮措施技术要点   034

第二节　历史建筑修缮的技术要点   036

一、保护修缮依据与原则   036

二、现状勘查与价值评估   037

三、场地布局总体要求   038

四、主要立面设计总体要求   040

五、内部空间设计总体要求   042

六、细部装饰设计总体要求   044

七、结构专业设计总体要求   045

八、设备专业设计总体要求   048

九、迁移工程设计总体要求   049

第三节　传统风貌建筑维修的要点   052

一、维修原则   052

二、维修技术要点   053

第四章
福州古厝保护修缮案例——古建筑   055

第一节　宅第民居   056

一、水榭戏台 056

二、芙蓉园 063

第二节 坛庙祠堂 074

一、补山精舍 074

二、闽王祠 080

第三节 衙署官邸 089

一、淮安衙署 089

第四节 驿站会馆 093

一、安澜会馆 093

二、永德会馆 103

第五节 寺观塔幢 115

一、报恩定光多宝塔 115

二、龙瑞寺 122

第六节 牌坊 130

一、林浦石牌坊 130

二、竹屿木牌坊 132

第七节 桥涵码头 136

一、安泰桥 136

二、路通桥 140

第八节 其他 148

一、公正古城墙 148

二、朱敬则墓 149

第五章
福州古厝保护修缮案例——近现代　153

第一节　宗教建筑　154
　一、明道堂　154
　二、石厝教堂　160

第二节　工业建筑　166
　一、仓山春记茶会馆　166

第三节　宅第民居　171
　一、采峰别墅　171
　二、陈绍宽故居　177

第四节　金融商贸建筑　181
　一、黄恒盛布庄　181
　二、商务总会旧址　189

第五节　文化教育建筑　194
　一、马尾朝江楼　194
　二、省府礼堂　200

第六节　重要机构旧址　206
　一、美国领事馆　206

参考文献　216
附录　217
后记　218

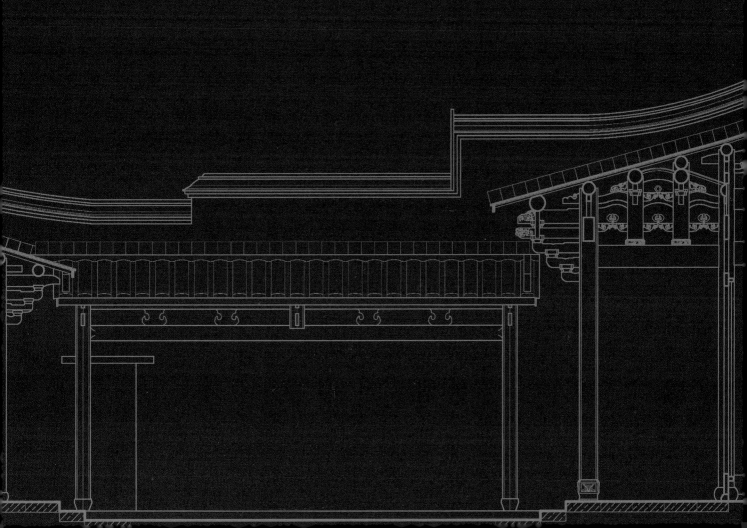

第
一
章

福州古厝的类型

"古厝"在福州方言中，指年代久远的房屋。福州古厝文化遗产丰富且具有地域代表性，从"里坊制度活化石"的三坊七巷，到"闽商精神重要发祥地"的上下杭：从"万国建筑博览会"的烟台山，到"近代外国人的避暑胜地"的鼓岭：从闽安古街，到嵩口古镇，一座座明清民居、西洋建筑、特色庄寨等，构成了福州古厝的多样性。区别于北方的官式建筑，福州古厝更多是面向普通老百姓，包括宅第民居、庙宇、祠堂、会馆、书院、公馆、商铺等，其类型较为广泛①。而按照福州古厝保护价值的重要性而言，其又可以分为不可移动文物、历史建筑、传统风貌建筑。

第一节　福州古厝相关的定义

根据《福州市古厝普查登记规程》《福州市人民政府办公厅关于规范福州市历史建筑保护修缮工程管理的意见（试行）》（2019）《福州市历史建筑保护修缮改造技术导则（试行）》《福州市历史建筑保护修缮改造技术导则（试行）》等文件的相关规定，福州古厝指建成年代50年以上或虽不满50年但有特定价值意义的建筑，及相关建筑空间所包含的历史环境要素。包括：

（1）福州市辖区内的古建筑类、近现代代表性建筑类的各级文物保护单位；

（2）尚未核定公布为文物保护单位的上述类型不可移动文物；

（3）已公布历史建筑；

（4）省、市人民政府批复的历史文化街区、历史文化风貌区、历史建筑群、历史文化名镇名村保护规划确定的建议历史建筑；

（5）历史建筑普查成果；

（6）传统风貌建筑。

一、不可移动文物

1. 文物保护单位

文物保护单位指经县级以上人民政府核定公布应予以重点保护的不可移动文物。

全国重点文物保护单位，由国务院核定公布；省级文物保护单位，由省、自治区、直辖

---

① 阮章魁. 福州民居营建技术［M］. 北京：中国建筑工业出版社，2016：23.

市人民政府核定公布，并报国务院备案；市级和县级文物保护单位，分别由设区的市、自治州和县级人民政府核定公布，并报省、自治区、直辖市人民政府备案。尚未核定公布为文物保护单位的不可移动文物，由县级人民政府文物行政部门予以登记并公布。[①]

2. 不可移动文物

不可移动文物指具有历史、艺术、科学价值的古文化遗址、古墓葬、古建筑、石窟寺和石刻、壁画；与重大历史事件、革命运动或者著名人物有关的以及具有重要纪念意义、教育意义或者史料价值的近现代重要史迹、实物、代表性建筑。[②]

3. 福州古厝——不可移动文物

福州古厝中不可移动文物，指具有不可移动文物身份的古建筑及传统结构形式的近现代代表性建筑。

古建筑包括城垣城楼、宫殿府邸、宅第民居、坛庙祠堂、衙署官邸、学堂书院、驿站会馆、店铺作坊、牌坊影壁、亭台楼阁、寺观塔幢、苑囿园林等类型。

近现代代表性建筑包括宗教建筑、工业建筑及附属物、名人旧居、传统民居、金融商贸建筑、中华老字号建筑、水利设施及附属物、文化教育建筑及附属物、医疗卫生建筑、军事建筑及设施、交通道路设施、典型风格建筑或者构筑物等类型。[③]

二、历史建筑

历史建筑是指经市、县人民政府确定公布的具有一定保护价值，能够反映历史风貌和地方特色，未公布为文物保护单位，也未登记为不可移动文物的建筑物、构筑物。[④]

福州市历史建筑认定标准（符合下列条件之一）：

（1）具有一定的建筑营建时长；

（2）建成年代50年（半个世纪）以上，或建成年代不满足要求，但具有特殊历史、科学、艺术价值或者具有非常重要纪念意义、教育意义的；

（3）具有突出的历史文化价值；

（4）能够体现其所在城镇古代悠久历史、近现代变革发展、中国共产党诞生与发展、中华人民共和国建设发展、改革开放伟大进程等某一特定时期的建设成就；

---

① 全国人民代表大会常务委员会. 中华人民共和国文物保护法［S］. 2017年修正.
② 国家文物局. 不可移动文物认定导则（试行）［S］. 文物政发［2018］5号，第二条.
③ 国家文物局. 不可移动文物认定导则（试行）［S］. 文物政发［2018］5号，第七条.
④ 国家市场监督管理总局. 历史文化名城保护规划标准［S］. GB/T 50357—2018.

（5）与重要历史事件、历史名人相关联，具有纪念、教育等历史文化意义；

（6）体现了传统文化、民族特色、地域特征或时代风格；

（7）具有较高的建筑艺术特征；

（8）代表一定时期建筑设计风格；

（9）建筑样式或细部具有一定的艺术特色；

（10）著名建筑师的代表作品；

（11）具有一定的科学文化价值；

（12）建筑材料、结构、施工工艺代表了一定时期的建造科学与技术；

（13）代表了传统建造技艺的传承；

（14）在一定地域内具有标志性或象征性，具有群体心理认同感；

（15）具有其他价值特色；

（16）其他具有历史、科学、艺术、文化、教育、景观价值的。[①]

三、传统风貌建筑

传统风貌建筑指未公布为文物、历史建筑，具有一定保护价值和建成历史，能够反映历史文化内涵和地方特色，对整体风貌形成具有价值和意义的建筑物、构筑物，包括古厝城楼、土楼寨堡、古道亭桥、店铺作坊、文庙书院、厂房码头以及其他建筑物、构筑物。

福建省传统风貌建筑认定标准（前提是集中成片分布，符合下列条件之一）：

（1）反映地域文化和民俗传统，能够体现地方特色的；

（2）建筑样式和施工工艺等具有特色或者研究价值的；

（3）体现传统格局，具有一定空间特色的；

（4）在当地产业发展史上具有代表性的；

（5）其他具有特殊历史价值和意义的。[②]

第二节　福州古厝建筑的类型

参考不可移动文物的分类，可将福州古厝建筑划分为古建筑与近现代类，古建筑包括城

① 福州市历史文化名城管理委员会，福州市文物局. 福州市古厝认定标准及普查登记规程［S］: 30.
② 福建省第十三届人民代表大会常务委员会. 福建省传统风貌建筑保护条例［S］. 2021. 第一章第二条.

垣城楼、宫殿府邸、宅第民居、坛庙祠堂、衙署官邸、学堂书院、驿站会馆、店铺作坊、牌坊影壁、亭台楼阁、寺观塔幢、苑囿园林等类型。

近现代代表性建筑包括宗教建筑、工业建筑及附属物、名人旧居、传统民居、金融商贸建筑、中华老字号建筑、水利设施及附属物、文化教育建筑及附属物、医疗卫生建筑、军事建筑及设施、交通道路设施、典型风格建筑或者构筑物等类型。

第三节　福州古厝保护修缮工程类型

福州古厝之文物保护单位的保护修缮工程类型依据《文物保护工程管理办法》第五条，文物保护工程分为：保养维护工程、抢险加固工程、修缮工程、保护性设施建设工程、迁移工程等。

福州古厝之历史建筑依据《福州市人民政府办公厅关于规范福州市历史建筑保护修缮工程管理的意见》（榕政办〔2019〕89号文件）将历史建筑保护修缮工程分为：日常养护、应急抢修工程、修缮工程、迁移工程。

福州古厝之传统风貌建筑目前暂时参考了历史建筑保护修缮工程的类型。依据《历史文化名城保护规划标准》（GB/T 50357—2018）对于历史文化街区建筑物、建构物的保护与整治方式的规定，历史建筑的保护与整治方式为"修缮、维修、改善"，传统风貌建筑为"维修与改善"，由此可见传统风貌建筑相对于历史建筑的保护程度较低，更侧重在保持其风貌的前提下对其进行维修与改善，以使其能得到更好地利用。

下面就各工程类型的工作要点进行总结。

一、保护维护工程（日常养护工程）

文物保护单位的保护修缮工程类型依据《文物保护工程管理办法》对于保养维护工程的定义为：针对文物的轻微损害所做的日常性、季节性养护。

历史建筑依据《福州市人民政府办公厅关于规范福州市历史建筑保护修缮工程管理的意见》（榕政办〔2019〕89号文件）对于日常养护的规定：指进行日常的、有周期性的、不改动建筑现存结构形式、内外部风貌、特色装饰的保养维护。

该部分工作内容主要包括：屋顶除草勾抹，清除瓦顶污垢，更新残损瓦件，局部揭瓦补漏，检查构件自然裂缝，减少风力和污土的侵蚀污染；对因狂风暴雨、地震等强外力干扰而出现问题的梁、柱、墙壁等进行历史性简易支撑；补配门窗；检修防潮、防腐、防虫措施；

疏通排水设施，清除庭院污土污物，保持雨水畅通；安装防火，防雷装置，砌筑围墙，强化安全防护等。

二、抢险加固工程（应急抢修工程）

文物保护单位的保护修缮工程类型依据《文物保护工程管理办法》对于抢险加固工程，系指文物突发严重危险时，由于时间、技术、经费等条件的限制，不能进行彻底修缮而对文物采取具有可逆性的临时抢险加固措施的工程。

历史建筑依据《福州市人民政府办公厅关于规范福州市历史建筑保护修缮工程管理的意见》（榕政办〔2019〕89号文件）对于应急抢修工程的定义为：指因建筑突发危险或濒危，或保护责任人不明等原因，为确保建筑的安全而采取的临时加固、排危措施。

抢险型工程包括抢险支撑和抢险加固。在抢险支撑工程中，支撑方法和支撑位置的选择十分重要，原则是支撑的位置要避开建筑构件的剪力点、脆弱点和应力较为集中的地方。抢险加固工程是为保障历史建筑基址不受侵害，特别是防止水土流失和水患而进行的。

抢险应在不影响周边环境风貌的前提下，允许对周边环境做合理的整治，完善基础设施，满足现代生活需求。施工过程中，坚持以尽量少扰动、确保历史建筑原有风貌的真实性和固有的历史信息得以保存和延续为目标，坚持现代技术与传统工艺相结合，以实现历史建筑核心价值要素的保护，严把施工材料进场关，重大设计变更须经专家论证，以确保工程质量。

需要明确的是，有的建筑在抢险性工程后安全条件有一定改善，修缮或修复工作可以稍缓进行；有些建筑虽经抢险支撑或加固，仍面临危险，须及时进行修缮。

三、修缮工程

文物保护单位的保护修缮工程类型依据《文物保护工程管理办法》对于修缮工程的定义为：为保护文物本体所必需的结构加固处理和维修，包括结合结构加固而进行的局部复原工程。

历史建筑依据《福州市人民政府办公厅关于规范福州市历史建筑保护修缮工程管理的意见》（榕政办〔2019〕89号文件）对于修缮工程的定义为：对建筑本体及周边环境进行的以恢复整体历史风貌、合理使用为目的的局部或全面的保护性修缮和环境整治工程。

修缮工程是一种比较彻底的维护方式，通过结构加固、归安等保护性处理，保存历史建筑风貌或局部恢复其历史风貌。根据维修内容和工程规模等，可分为揭瓦修缮、打牮拨正、局部落架、落架大修及局部复原等。

其中，历史建筑对于修缮工程增加了环境整治工程的内容，而文物保护单位对于环境整治的内容在《中国文物古迹保护准则》第四章保护措施中有单独列出。

1. 揭瓦修缮

当福州古厝残损不十分严重，柱子、斗栱、檩条等大木构件基本完好，仅个别承重构件有损的情况下，应进行揭瓦修缮。揭瓦修缮时的主要处理有柱子抄平、柱基加固等，不损坏保留的原有构件，能加固或拼接的尽可能在加固或拼接后继续使用。

揭瓦修缮可以最大限度保持福州古厝结构的整体稳定以及风貌的真实性和完整性。

2. 打牮拨正

当受到外力作用或因构件承重能力减退等原因而使历史建筑木构架产生严重形变，梁架系统构件歪闪、倾斜、滚动和脱榫，柱子明显不均匀沉降，斗栱和梁架有构件折断、墙体坍塌现象时，应针对上述现象进行打牮拨正。

打牮拨正的大致工序是：先将歪闪严重的建筑支上保杆，防止继续歪闪倾斜；拆卸屋顶瓦、望板等全部瓦作构件，拆除活动的椽子及有关木构件，对无修复价值的木构件应作临时加固或拆除，对不稳定的木构件应临时加固。

牮屋必须在柱倾斜的两个方向设置保护木支撑或金属拉杆，下端固定于地锚上，上端支撑在倾斜的柱和梁相连的节点处。牵拉应先从倾斜大的柱开始，当修复对象为楼房时应从屋顶和楼层同时牵拉，在倾斜度基本达到一致时，全面牵拉。当牵拉过程中听到响声时应停止牵拉，观察响声部位，查明情况或采取措施后再行牵拉。牮屋到位后应吊线复测构架垂直度，且以木撑固定，对复位后的榫卯逐个检查填实。固定木支撑在墙体屋面工程结束后方可拆除。

打牮拨正是在建筑物歪闪严重，但大木构件尚完好，不需更换构件或只需个别更换构件的情况下采取的修缮措施。这种措施对建筑有一定扰动，但没有拆卸梁架，而建筑基础、柱子、梁枋、梁架大都保存在梁架上（即原结构不动），少许构件予以加固和复制，尚能较好地保存福州古厝的原状。

3. 局部落架

因地基变化或地震等外力作用，致使历史建筑柱子沉降歪闪严重、整体倾斜较大、梁架扭闪、斗栱折损，现状已不能继续维持，揭瓦修缮等措施尚不能解除所有隐患时采取局部落架的办法进行修缮。

所谓局部落架，是基础部分保留或大部分保留，部分柱础、柱子不予拆卸，额枋等随柱子原位不动；部分斗栱和梁架中的大型构件保存架上，少部分需要墩接加固的柱子，梁枋加固或复制；已缺的榫卯修补齐备，结构松弛者在保证不损伤构件，不降低构件功能的情况下，加施必要的铁活。

这类修缮工程，大部分基础未动，柱子、梁枋、斗拱、梁架的一部分仍在架上，未拆卸的部分基本还是原构，因此和落架大修存在较大区别。

4. 落架大修

由于外力和地质地基的变化致使福州古厝严重受损，出现基础酥碱、荷载失衡、柱子歪闪、斗拱折损、梁架倾斜，或是梁栿朽坏、局部坍塌，或因地震等冲击使建筑变形，各个结构部位出现拔脱，经勘察鉴定其他修缮方法不能奏效时，可进行落架大修。

落架大修是包括基础在内的全部构件，即基础、柱子、梁枋、斗拱、梁架、檩条等大木构件全部拆卸，逐件检修，残者加固，已缺的或残损严重的不能加固者复制，再原位安装。这类修缮工程干预程度大，过程中要特别注意保护旧构件，尤其是保护艺术构件，原有构件加固后仍可继续使用的要千方百计地予以利用，不要轻易更换。木构架在拆卸前，应对现存建筑进行全面测绘、制图、编号等工作，同时实物构件编号要与图纸对应，拆构件要从上而下顺序进行，分类码放。维修时，运输搬放要注意不要摔碰构件，要最大限度地保持构件完整，尽量避免不必要的损失。

5. 局部复原工程

福州古厝修缮中的局部复原，是保护过程中的又一个侧重面，是指按原样恢复已残损的结构，同时改正历代修缮中有损原状以及不合理增添、去除或改造的部分，是相对比较彻底的一种修缮工程。局部复原必须以保护历史建筑原貌为前提，以不改变文物原状为基准，不仅要恢复残损构件，而且要将历代整修中增添的、去除的、样式与历史不符的构件复原，恢复到它建造时期的面貌。

复原工作必须有科学依据，最好是源自建筑本体历史资料的依据，经认真分析后可参考，其次是同一建筑群中的依据。如果这两方面都不能达到要求，可参照附近同类建筑的风貌进行复原。复原的部位，应与建筑的整体构造和主要结构时代相一致，或与历史上较大重修后形成的风貌相协调。

对有历史事件或纪念意义的建筑缺乏修复依据时，可先维持福州古厝的规模。

6. 环境整治

《中国文物古迹保护准则》对于环境整治的定义为：是保证文物古迹安全，展示文物古迹环境原状，保障合理利用的综合措施。整治措施包括：对保护区划中有损景观的建筑进行调整、拆除或置换，清除可能引起灾害的杂物堆积，制止可能影响文物古迹安全的生产及社会活动，防止环境污染对文物造成的损伤。

绿化应尊重文物古迹及周围环境的历史风貌，如采用乡土物种，避免因绿化而损害文物古迹和景观环境。[①]

第四节　保护性设施建设工程

文物保护保护单位的保护修缮工程类型依据《文物保护工程管理办法》对于保护性设施建设工程的定义：系指为保护文物而附加安全防护设施的工程。

依据《中国文物古迹保护准则》第28条对于保护性设施建设的规定：通过附加防护设施保障文物古迹和人员安全。保护性设施建设是消除造成文物古迹损害的自然或人为因素的预防性措施，有助于避免或减少对文物古迹的直接干预，包括设置保护设施，在遗址上搭建保护棚罩等。

监控用房、文物库房及必要的设备用房等也属于保护性设施。它们的建设、改造须依据文物保护规划和专项设计实施，把对文物古迹及环境影响控制在最小程度。

保护性设施应留有余地，不求一劳永逸，不妨碍再次实施更为有效的防护及加固工程，不得改变或损伤被防护的文物古迹本体。

添加在文物古迹外的保护性构筑物，只能用于保护最危险的部分。应淡化外形特征，减少对文物古迹原有的形象特征的影响。

增加保护性构筑物应遵守以下原则：

（1）直接施加在文物古迹上的防护构筑物，主要用于缓解近期有危险的部位，应尽量简单，具有可逆性；

（2）用于预防洪水、滑坡、沙暴等自然灾害造成文物古迹破坏的环境防护工程，应达到长期安全的要求。

建造保护性建筑，应遵守以下原则：

（1）设计、建造保护性建筑时，要把保护功能放在首位；

（2）保护性建筑和防护设施不得损伤文物古迹，应尽可能减少对环境的影响；

（3）保护性建筑的形式应简洁、朴素，不应当以牺牲保护功能为代价，刻意模仿某种古代式样；

（4）保护性建筑在必要情况下应能够拆除或更新，同时不会造成对文物古迹的损害；

（5）决定建设保护性建筑时应考虑其长期维护的要求和成本。

---

① 国际古迹遗址理事会中国国家委员会. 中国文物古迹保护准则［S］. 北京：文物出版社，2015：28.

消防、安防、防雷设施也属于保护性设施。

由于保护需要必须建设的监控用房、文物库房、设备用房等，在无法利用文物古迹原有建筑的情况下，可考虑新建。保护性附属用房的建设必须依据文物保护规划的相关规定进行多个场地设计，通过评估，选择对文物古迹本体和环境影响最小的方案。

第五节　迁移（迁建）工程

文物保护单位的保护修缮工程类型依据《文物保护工程管理办法》对于迁移工程的定义为：因保护工作特别需要，并无其他更为有效的手段时所采取的将文物整体或局部搬迁、异地保护的工程。

历史建筑依据《福州市人民政府办公厅关于规范福州市历史建筑保护修缮工程管理的意见》（榕政办〔2019〕89号文件）对于迁移工程的定义为：历史建筑应实施原址保护，指因公共利益需要，对历史建筑无法实施原址保护，必须迁移异地保护。

从二者的定义可以看出文物保护单位的迁移相对于历史建筑较为严格，其必须在保护工作有特别需要，且无其他更为有效手段的情况下方能采取异地保护。

《中国文物古迹保护准则》中指出：迁建是经过特殊批准的个别工程，必须严格控制。迁建必须具有充分的理由，不允许仅为了旅游观光而实施此类工程。迁建必须经过专家委员会论证，依法审批后方可实施。必须取得并保留全部原状资料，详细记录迁建的全过程。

迁建工程的复杂程度等同于重点修复工程，应当至少具备以下条件之一：

（1）特别重要的建设工程需要；

（2）由于自然环境改变或不可抗拒的自然灾害影响，难以在原址保护；

（3）单独的实物遗存已失去依托的历史环境，很难在原址保护；

（4）文物古迹本身具备可迁移特征。

迁建新址选择的环境应尽量与迁建之前环境的特征相似。

迁建后必须排除原有的不安全因素，恢复有依据的原状。

迁建应当保护各个时期的历史信息，尽量避免更换有价值的构件。迁建后的建筑中应当展示迁建前的资料。

迁建必须是现存实物。不允许仅据文献传说，以修复名义增加仿古建筑。

第二章

福州古厝的演进

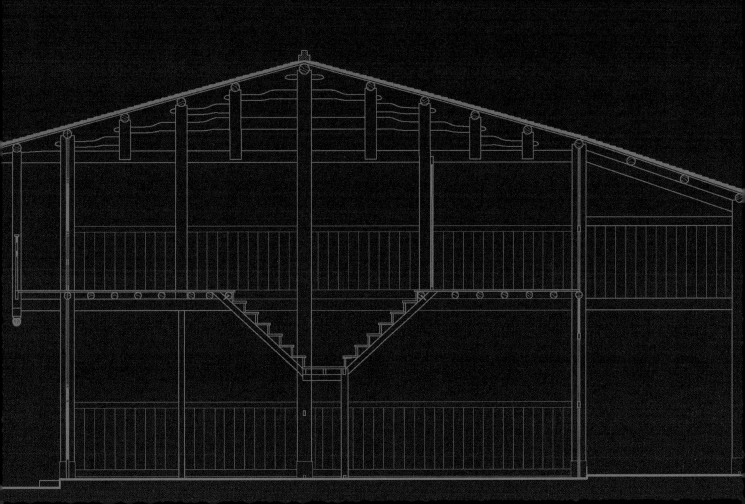

福州传统古厝的历史悠久，从先秦发展到20世纪初，以木构建筑的演变为主线。随着历史的推移，在不同的朝代、不同的地区表现出不同的风格和特点。古厝空间布局从传统廊院式向合院式多样式演进，由抬梁式构架逐步发展到地区性的穿斗式构架基本型，并由此演变到具有福州风格特点的插梁或插额或混合的木构体系；屋面形式从平原到郊区表现出浓厚的地域特征，硕大的木构件逐渐演进到实用、美观相结合，封火山墙更是发展形成独具福州古厝风格的一道靓丽风景线。至民国时期，在外来文化影响下出现了砖石结构建筑，福州古厝的多样性朝着本土传统形式与外来输入两个方向演进，促成了极具福州特色的古厝文化。

第一节　影响要素

一、地理与气候条件

1. 地理位置

福建在古代地处蛮夷之地，远离文化中心，晋末的"衣冠南渡，八姓入闽"促进了中原文化与闽越文化的交融，并将北方流行的廊院形式融入了古厝；而后很长的时间由于地方割据与偏安一隅而被固定下来，促使原魏晋"廊院"形式在明清福州古厝中得以保存下来（图2-1-1~图2-1-7）。

而福州地处东南沿海，在秦汉之前，百越文化在闽海占有重要地位，主要居住形式是干阑建筑。在中原汉文化的影响下，干阑建筑逐步被其他类型的建筑所取代的同时，也融合了百越文化的建筑营建特点，如：福州古厝的构筑方式是北方中原传来的抬梁和穿斗，同时也吸收了当地闽越人后代疍民的干阑式建筑防潮防湿的经验，将原来夯实基础的台基改造为下部掏空的"渗沟"做法[①]（图2-1-8、图2-1-9）。

同时，福州丰富的水系为大量的建筑材料提供了便捷的运输手段。周边丰富的陆地资源和海洋特产为福州古厝提供了丰富的建筑材料，相应地产生了具有地方特色的构造方式，表现出其浓厚的地域特色。如福州周边地区多山，木材及土、竹、石资源丰富，尤其是土壤多为红壤，拿来作建筑墙体材料十分合适，只要与砂、灰混合成一定的配比，就可以建筑出4~5层楼高的墙体。据统计，福建省传统古厝采用生土夯筑墙体的占90%以上，福州一带利用拆除旧房的碎砖瓦夯筑而成的瓦砾土墙在古厝中非常普遍（图2-1-10）。

---

① 林旭昕. 福州"三坊七巷"明清传统民居地域特点及其历史渊源研究［D］. 西安：西安建筑科技大学，2008：47.

图2-1-1　廊院空间1（郭柏荫故居）

图2-1-2　廊院空间2（刘齐衔故居）

图2-1-3　廊院空间3（刘齐衔故居）

图2-1-4　廊院空间4（建郡会馆）

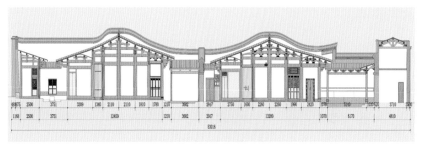

图2-1-5　廊院空间5（刘冠雄故居）

图2-1-6　合院与廊院结合1（陈兆锵故居）

图2-1-7　合院与廊院结合2（陈兆锵故居）

图2-1-8　抬梁与穿斗做法混合（林聪彝故居）

图2-1-9　渗沟处理做法

图2-1-10　封火墙

2. 气候影响

福州市地处东南沿海，属暖湿的亚热带季风气候，在我国的建筑热工气候设计分区上属于夏热冬暖区。相较于温暖舒适的冬季，福州的夏季存在"温度高、湿度大、雨水多，太阳辐射强"等问题。福州古厝许多具有地方特色的空间形态运用"被动式"环境控制措施，达到遮阳降温、通风除湿、趋利避害的目的。其具有以下特点：

（1）密集的院落联排，福州古厝可以视为以天井为中心的基本四合院单元在纵向上的"串联"和横向上的"并联"，院落之间共用山墙，除了狭窄的街巷空间和星星点点的小天井外，平面被巨大的屋顶填满。这种粘连型布局可以高效地利用土地，同时也带来了良好的生态特性——屋顶犹如一把巨伞，整个区域的地面和外墙淹没在屋顶的庇护之下，免受阳光的直接曝晒，从而保持较低的温度，降低了环境的辐射温度，降温的效果自然要优于松散的组合方式（图2-1-11、图2-1-12）。

（2）连贯的开敞空间在东南沿海湿热的气候条件下，利用自然通风来降温除湿成为重要的被动式措施和手段，而冬季温和的气温使传统古厝采用开敞的建筑空间成为可能。福州古厝在中轴线上设置了天井和高大的厅堂空间，厅堂前后两侧与天井之间不设任何隔断，完全向天井敞开，形成的敞口厅减少了通风阻力（图2-1-13、图2-1-14）。加上院落的入口大门也设置在这条纵向轴线上，这条通敞的空间序列，一直从后院联系到大门外的街巷，

图2-1-11 塔巷典型古厝屋面俯视示意图

图2-1-12 巷子空间

图2-1-13 天井与厅堂空间（郭柏荫故居）

图2-1-14　天井与厅堂空间序列组合（郭柏荫故居）

最大限度地引导穿堂风，带走室内的湿气和热量。

除了由"天井—厅堂"交替形成的主风道，福州古厝还在正房两侧设置了次风道——"冷巷"。"冷巷"是位于正房两侧的狭长小道，一侧是正房山面柱子，另一侧是封火墙，正房上部屋面挑出，与封火墙搭接，将下部"冷巷"完全盖住。封火墙是泥和砖砌的，蓄热系数大，夏天表面温度的变化不是很大，外界热空气流经"冷巷"，有一个良好的冷却过程，给古厝内带来阵阵舒适的凉风。"冷巷"的宽度多在0.5米左右，不用于通行。少数院落中的"冷巷"宽度可以达到1米有余，平时除了通风，遇到火灾，还起到"消防通道"的作用。[1]

（3）狭窄的天井空间在闷热的天气，相对狭小的天井中可以形成垂直方向上的温度差，空气相应地产生密度差，通过烟囱效应，室内外空气进行"诱导式"换气，排走室内余热和湿气，引入清新空气。此外，前后天井面积大小的区别，还能够带来由小天井至大天井的热压通风。前天井面积多大于后天井，受晒面积大，空气温度高，空气密度小，从而形成前后天井的热压差，空气从后天井经流向前天井。这种空气的流动是在外界无风的情况下也能进行的，持续而稳定，不断进行建筑内部的降温和除湿。

（4）阴凉的灰空间是指建筑中既非室内，也非室外的过渡空间。地处低纬度的福州地区太阳辐射强烈，灰空间有屋盖的庇护，下面的空气和壁面没有太阳直射的升温，形成大量的檐下阴凉空间。当外界升温明显时，灰空间内部保持相对的阴凉，如有微风吹过，流经壁面形成的"凉辐射"，凉意扑面，清新宜人（图2-1-15、图2-1-16）。

（5）福州地处沿海台风区，夏季台风来时，大风带来大量的降水，古厝中利用丁字栱将屋檐出挑加远，对保护柱子基础、墙体、台明等免受雨水侵蚀有重要作用（图2-1-17~图2-1-20）。

① 林旭昕. 福州"三坊七巷"明清传统民居地域特点及其历史渊源研究 [D]. 西安: 西安建筑科技大学，2008: 38-40.

图2-1-15　主座前廊空间（郑大谟故居）

图2-1-16　回廊形成的灰空间（郑大谟故居）

图2-1-17　挑檐空间1（建郡会馆）

图2-1-18　挑檐空间2（刘家大院）

图2-1-19　挑檐空间3（刘家大院）

图2-1-20　挑檐空间4（鄢家花厅）

二、人文环境

1. 历史文化

福州历史悠久，文化昌盛。据《史记》记载，公元前202年，汉高祖"复立无诸为闽越王，王闽中故地，都东冶"是福州文化之史的开端。而早在5000多年前，在今日闽江两岸就栖息着福州人的先祖——闽越人，"以渔猎山伐为业"。随着中原汉人的逐渐南迁，闽越人的主人地位慢慢被替代，但其悠久的文化传统却不同程度地保留下来，而使包括建筑技术在内的各地文化与福州当地文化技术相融合，成为中原传统文化与地域性多种文化的复合体，呈现出地方建筑文化的多元性，成为福州特有的文化风格，在福州古厝形态演进过程中也能看出这种影响的脉络。

2. 民俗文化与观念

由于各地区人们生活的特征不同，反映在该地区古厝形制上的内容也各有差异，随着时间推移和建筑的发展，每个地区拥有的本地区的建筑文化内容总是越来越丰富和复杂，于是便形成了各具特色的古厝形制，以致于古厝的每一个细部都与当地人的习惯和爱好分不开。今天，各地的地理、气候、建筑材料并没有多少变化，但传统古厝已不适应当今人们的

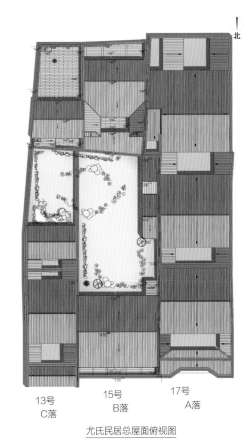

尤氏民居总屋面俯视图

图2-1-21 尤氏民居屋面俯视图

13号
C落

15号
B落

17号
A落

生活。从这一点就可以看出，当时人们的生活方式与传统习俗曾经广泛地影响过古厝形制的形成。

福州古厝建筑传统习惯是单一的纵向发展，以符合当时社会宗法和礼制制度，在布局上便于区别尊卑、长幼、男女和主仆。这种纵轴单向发展的布局，等级森严，人为制造出了差别和隔膜。

（1）院落布局：福州古厝平面布局形式中，多由横向并联两个或院落组成。根据居住使用的对象不同，院落可分为一个正院和数个侧院。主人和长辈居住于正院，晚辈和女眷居住于侧院。正院与侧院在诸多方面都有着明显的差异。正院是面阔最大的院落，形状规整，有明确的中轴线，入口大门设有门房，开六扇大门；侧院面阔较小，有的甚至不足正院的一半，形状也不如正院严谨方正，向坊巷所开的门也较为简朴，只开两扇门板。正是通过形状、宽窄、繁简等外在表象，反映出家族中各成员的尊卑长幼等级位置（图2-1-21）。

（2）单体建筑：院中的正房明间是厅堂，次间和梢间是主人和长辈的居住空间，晚辈和女眷居住于侧院的正房，门房和倒朝除了堆放杂物，还用于居住地位最低的仆人。受礼制等级思想影响，这三类单体建筑在尺度、方位、高度以及装饰等方面的级别都从高到低依次降低。正院正房是全院建筑的核心，体量最大，开间最多（多为五间），柱梁用材尺寸也是最大的，出檐深远，使用的丁字栱出挑可达四五挑，梁架门窗的木雕装饰也是全院中最为华丽优美的。侧院正房开间则为三间，高度也低于正院正房。倒朝是级别最低的居住空间，高度、用材、进深都远小于前两者（图2-1-22~图2-1-26）。

（3）男尊女卑：受到封建礼教的影响，男女活动的空间也是不同的。男性则多为外出经商、做官，家中的活动区域往往在明亮的前院、高敞的厅堂。女性的工作多为内院处理家庭杂务，厨房或位于倒朝，或将最后院落的回廊改造成厨房，相对而言较为简陋。男女有别在休闲空间花厅上也有所体现，在较为讲究的人家，还分男花厅和女花厅（图2-1-27、图2-1-28）。

3. 风水观念

一般建造房屋，须风水师择地，民间认为选择好风水，能使人丁兴旺、发家致富。传统建筑建造过程中有大量禁忌和风俗。自家大门不宜正对着别人的大门，于两方均不利，尤其门小的一方。在新建住宅外形中，提倡后高前低，南北长东西窄。水、路、桥梁不要直冲大

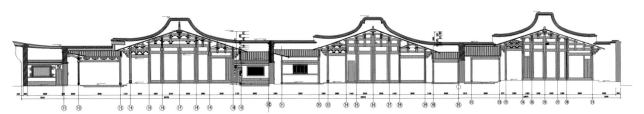

图2-1-22　以厅堂为中心的古厝空间序列（王麒故居横向剖视图）

图2-1-23　入口空间（水榭戏台）

图2-1-24　回廊空间（水榭戏台）

图2-1-25　厅堂空间1（水榭戏台）

图2-1-26　厅堂空间2（水榭戏台）

图2-1-27　侧落阁楼空间（水榭戏台）

图2-1-28　花厅空间（水榭戏台）

门，不居当街处，不居寺庙地，不近祠社、官衙，不居草木不生处，不居山脊冲处，不居对狱门口处；造屋时要避门前，大树冲门，墙头冲门，交路夹门、门下水出、门著井水、粪屋对门等。在宅院的布局中，按照房屋的方向定位，然后定门、定路、定井、定厨灶等。同时风水讲究藏风聚气，忌讳直来直往，长驱直入，故而在空间流线上总是喜欢做一些适当的分隔，力求通而不畅：传统古厝入口大门位于院落的正中间，院落空间有一条很明确的中轴线，真正的行进路线却不与此轴线完全一致，在视线上更无法沿着这条轴线一览无遗。在正院中轴线上，每个主体建筑都设置了隔扇门或插屏门作为隔断。在入口中央设玄关（前插屏门），或位于第一进院落回廊处。院落厅堂设有隔扇门或插屏门（后插屏门），将厅堂一分为二。这些分隔由外而内，引导院落空间的私密性不断加强（图2-1-30~图2-1-32）。

图2-1-29 屋顶厌胜物

图2-1-30 插屏门（衣锦坊29号）

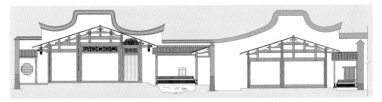

图2-1-31 叶氏故居剖视图

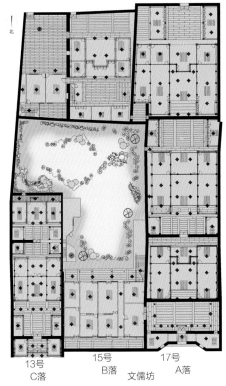

13号
C落

15号
B落
文儒坊

17号
A落

图2-1-32 尤氏民居一层平面图

4. 营建思想

在传统社会里，工匠地位虽高，但也无法拥有绝对的发言权，有时并不能以专业知识或经验说服业主，只能以吉凶禁忌来表达。这些吉凶禁忌，久而久之便形成一种规则、一种习俗。工匠世世遵守，若触犯禁忌，会被认为是"破格"，厝主会说匠师工夫不到家，甚至认为工匠有意作弄。例如规定：

（1）"天父压地母"，即明间大厅之高（天父）须大于明间面阔（地母）。

（2）纵向朝向一致的各屋间由前向后，其地坪应该逐渐抬高，寓意"蒸蒸日上，步步高升"。

（3）主落的房屋必须"前包后"，即住宅前端总阔必须小于后端总阔，这样的房屋称为"布袋厝"；反之，前宽后窄者称为"簸斗厝"，易泄气，散财。

（4）屋顶瓦垄用奇数，而瓦沟则忌用奇数，即中轴线上必须用盖瓦垄。

（5）室内梁架要注意木柱应顺树木生长的方向即柱头在下，切忌颠倒。木材根部直径最大，密度也大，重心较低，立柱时有利于稳定，符合材料的物理力学性能，其目的是顺应自然，希望房子建成后如树木般生机蓬勃。

（6）福州民宅上的厌胜物，如八卦牌、倒镜等式样繁多，造型丰富（图2-1-29）。

（7）福州古厝天井左右两边的披榭（廊屋）或柱廊绝大多数为一间。匠师规定大厅的面阔须大于披榭或柱廊的面阔

（即天井的深度），所以福州古厝中的天井一般呈东西向长、南北向短的长方形。由于大厅完全开敞，在采光上基本满足了使用要求。不大的天井就等于一个"户外起居室"，而开敞的大厅和披榭式柱廊由于天井的存在，冬天可以得到直射的阳光，夏天可以乘凉休息。

（8）排水：福州人认为"山代表财气"，水路忌作一条直沟直接排出，宜弯曲，忌直出横流，水路没有从门槛下直接排出的做法，也不能穿过房间，只能从门厅两边排出。水路一般在地基以上，地板以下，因此施工时要留水路，即水沟。排水流过披榭时，要在台基中做暗沟。天井通常是雨水和生活污水集散之地，厨房就设于后天井旁边，便于向天井排水。每个天井中常设一两个窨井，因为生活污水必带垃圾，从屋面落入天井的雨水必带泥砂，需经过沉淀处理后才能进入室内暗渠。福州古厝天井一般靠通过地面的渗漏进行排水，所以在铺设天井石时，其垫层必须是既能渗漏又不至于被雨水冲散流失而坍塌，一般采用含砂的灰土垫层，其铺地条板石往往为船底形，自然拼缝，极有利于快速排水和渗水。

（9）间架禁忌：按传统建筑讲究对称与居中的观念，间数一定为奇数。按明代《营缮令》规定，凡庶民即便有资产的人家过厅不能过三间五架，故此只能在多造院落，增加建筑进深，多造庭院方向扩展，所以就出现了"明三暗五""明三暗四""明三暗七"的做法。

（10）福州古厝规定厝次出檐须超过廊沿石（石砛）的外缘，便于雨水滴落在天井内，（图2-1-33）。

（11）福州古厝木构架的步架多不相等。一般规定：内中脊开始往下，步架应逐渐加大，称"步步进"，否则就是"倒退桁"，视为不吉。其实这种禁忌是出于构造上的考虑，因为近中脊处的瓦搭接较密，加上正脊的重量，所以近中脊屋面较重，布桁架应密些是有道理的。

（12）福州地区古厝传统建筑，单座建筑屋面的前后两坡，有阴阳之分，以中轴线为基准，朝前者为阳坡，朝后者为阴坡；按工匠口诀是"前高后低，前短后长"，即阳坡的檐口高于阴坡的檐口，其屋面坡长则短于阴坡。因此，前后挑檐桁并不在同一标高上，阳坡的进深小于阴坡，阴坡的桁距（步架）亦较阳坡大。屋顶分阴阳坡，最初的主要目的在于采光通风，以后逐渐成为一种普遍遵守的禁忌。

（13）福州古厝，单座主体穿斗式木构架的进深一般为五柱、七柱，其前门柱至前冲柱的距离必须小于后门柱至后冲柱的距离。这种禁忌同样符合前坡短后坡长的做法。

（14）子孙椽：所谓子孙椽即对主座房屋的明间在铺椽时应先定中轴线，然后在中轴的两边并排各钉一根通长的椽条的做法，福州工匠称为钉"子孙椽"，然后再钉左右的椽条，椽子只能是双数。

（15）对于椽条的铺钉还规定椽头要根部朝下，谓之"往上发"，如此才能家道兴旺。

（16）自家大门面对着别人的大门叫作正面冲，于两方均不利，尤其是门小的一方。

（17）在一户之内，忌有三个以上的房门相对，虽然可以产生穿堂风，但门门相对，民间认为守不住财。

（18）床位不可对着梁，否则会"闹穷闹凶"，床与梁相交，成为"担楹"，凶；如无法避免可在床架上方支一根扁担，收梁"挑"起。

（19）床位上方不得设置天窗，靠近床头的墙上也忌开窗。

（20）大门门板忌用四片或六片。

（21）站在主厅的厅屏前向南望（或向前望）应能看到天空不被前门厅或门墙所遮挡，这叫"过白"，其主要目的是使大厅神明能"见天"，这就要求前面房屋的后挑檐桁高度不能超过主厅的前檐挑檐桁，同时又不能使左右披榭式柱廊过长，天井的形状应为扁方形过白尺寸一般以2～3尺为宜。

（22）灯杠梁不可正对在桁（槫）的下方，房门的上方不可被灯杠梁遮挡住，灯杠梁庸才必须头东向尾西，而上弯也有利于屏门的上方不被灯杠梁遮挡（注："槫"即"桁"）（图2-1-34）。

（23）木构件的用材方向：按《营造法式》大木作制度规定："凡正有槫，若心间或西间者，头东而尾西；如东间者，头西而尾东。其廊屋二东，面西者，皆头南而尾北"。是考虑到槫之头部（梢部）与尾部（根部）的直径不同，其用槫之法——"西间者，头东而尾西""东间者，头西而尾东"，与屋脊升起相适应。心间用槫"头尾而西、廊屋用槫""头南而尾北"，《营造法式》的这种做法规定，可以推测用槫头朝东或西，可能是考虑到了木材的生长方向，东方、南方是生长的方向，用槫（桁）之法与自然法则一致，曲折地表达了古人顺应自然的思想。

图2-1-33　天井空间（小黄楼）

图2-1-34　灯杠位置（小黄楼）

第二节　演进过程

一、明代建筑特征

1. 影响明代福州古厝形态的要素

（1）明代营建规定制度

明代在历代政府中，是古厝用房等规定制度最为详尽，执行也最为严格的。它包括了各进房屋的间架、屋面形式、屋脊用兽、斗栱采用、建筑用彩等；宦官到庶民共分为五个等级，依次得按规建造、不得逾越。这就在某种程度上限制了古厝的创造与发展。但是正因为这些制度又恰恰影响着福州明代古厝的平面布局和空间处理手法上的变化。由于有资产的人家的正厅也不能过三间五架，故此只能在多造院落、增加建筑进深、增加装饰和广造宅院者方面下功夫。从福州留下的明代古厝中可发现，"明三暗五""暗披榭""主落加侧落""主落加花厅"和"主落加花园"等做法非常普遍，甚至还出现"明三暗七"的做法。

（2）封建社会儒学与纲常伦理思想

封建社会儒学和纲常伦理思想在古厝建筑中得到充分休现，如祭祀、尊卑、长幼、辈分、男女、主仆的活动在住宅内部都要明确划分，形成前堂后寝、中轴对称，并以厅堂或厅井为中心、四周辅助房屋档围的组合布局方式，可以看出宗法制度和道德观念的制约。

（3）建筑材料与建筑技术

地方建筑材料以及建筑技术的进步，确立了福州古厝建筑的结构与形制：

①福州及周边地区都盛产优质杉木、杉木优点是纹理顺、树干直、成材快、耐腐蚀，很少虫蛀，取材简便易得、经济可靠，非常适合建造穿斗式的木构架，这就决定了福州传统古厝建筑其承重体系是以穿斗式木构架为主。

②随着筑版技术的成熟，且福州及周边地区取土方便，适宜夯筑。所以，盛行采用夯土技术结合石基础石勒脚用于建筑外部围护墙的建造。在未使用夯土墙之前，福州地区古厝早期惯用悬山顶木构架，在福州郊区及福建省不少地方，至今仍保留不少悬山顶的木构古厝。但是这种悬山顶古厝，只适应农林等地广人稀的地方，不利于用地紧张、房屋密度高的城市，而以夯土墙用于外墙，墙体厚实坚固，保温隔热，故无须挑檐方法来保护外墙，所以悬山顶房屋在城市较为稀少，常见的是硬山顶山墙。而硬山顶的出现又为建筑平面设计增加了灵活性。

例如：1）极易形成纵向组合多进式，可以由几组三合院或四合院沿中轴线纵向组合，前堂后寝式的平面布局；2）这种多进内向的布局，也最容易构成适宜的私密性层次，形成宁静、舒适的居住环境；3）院落与院落之间前后通过门墙中门相互贯通、左右通过山墙边门、僻弄、连接隔墙的侧落，或连接另落住宅，使前后、左右、廊、楼、门、巷等形成主体交通、前后左右相互连通，既可使空间分合自如以充分满足多种功能的需要，使空间隔中存连、连而不乱、空间组合灵活，又充分提高土地的利用率，使整个居住序列合乎逻辑，空间关系层次复杂、变幻莫测。

③随着城市居住区人口日益稠密、建筑密度极高，遇有火灾燃烧成片，虽然硬山墙的出现提高了防火性能，但有局限，因此到明末，福州古厝又出现了高出屋面的封火墙，进而发展成多种墙顶形式的山墙，使屋面组合的外观转变成片的山墙组合，而成为福州古厝一大特色（图2-2-1）。

④随着福州明代住宅的地方特色逐渐加强，古厝对气候、地形、材料、社会风俗及制度诸因素的协调作用更为明显。建筑密度、住宅间距、庭院大小、楼房的运用、建筑外观、结构方式、群体组合、街区面貌等方面随着时间的推移，都在逐步演进中，福州古厝在这一过程中逐步呈现出它的地域表征以及时代表征。

2. 明代福州古厝的特征

福州明代古厝的梁架特征属于我国南方穿斗体系中闽东的一支，其做法在共通的大原则

图2-2-1　山墙组合（三坊七巷街区）

图2-2-2　悬山顶古厝形式

图2-2-3　明代一斗三升构件

图2-2-4　明代穿斗与插梁构架

图2-2-5　明代穿斗构架形式（郭柏荫故居）

下又显现了地区性做法的差异。

（1）悬山顶成为福州古厝主要形式之一，尤其广大的村镇地区，被普遍采用。其特征是以三间或五间，带前廊的平面基本单元，通过两侧的披屋、两侧前伸厢房式四周围护成口字形平面（图2-2-2）。其木构架特征为扁作穿斗式木构架、木板墙围护结构、进深大。因此，当心间的敞口、厅可分为前后厅，而两次间住房可划分为前、中、后三间。明间尤其是前厅一般为单层，其余可采用山尖部分做成阁楼。由于进深大，山面采用1~2道瓦披檐以遮雨。不过悬山顶的古厝形式比较适应单居独院式，不适应墙靠院墙，连排、连片的密集布局方式，所以悬山顶建筑从明至清的发展趋势看，在福州地区古厝中是由多变少，取而代之的是硬山顶的古厝建筑。

（2）硬山顶的古厝其封火山墙，从明代到清代的演进过程是由刚超过屋面不多逐步向超出较多的封火山墙演进，主要是适应人口稠密、建筑密度极高，防止遇有火灾燃烧成片，同时出于美感，采用各式各样的形式，优美的封火山墙成为福州古厝的一大特色（图2-2-1）。

（3）在木构架的用材上，从明代至清代的演进过程，用材上与明代住宅相比较，清代住宅，特别中、后期住宅的柱径、檩径、梁枋尺寸等明显变小变细（图2-2-3~图2-2-5）。

（4）从屋面的坡度看，明至清的演进过程，变化不会太大，坡度系数大约从0.31提高到0.33。

二、清代建筑特征

1. 影响清代福州古厝形态的要素

清代是中国封建社会阶段的末期，在社会、文化、经济条件方面都有重大变化与进展，这些变化对古厝建筑产生了巨大影响：

（1）康乾盛世，工商业有了重大发展，商品经济孕育着资本主义的萌芽。

（2）人口猛增，居住用地紧张迫使古厝建筑寻找新的设计途径。

（3）1840年鸦片战争以后，福州尚未形成租界地，却建立了外国人享有特权的居留区，洋楼等近代建筑对福州古厝产生了较大影响。

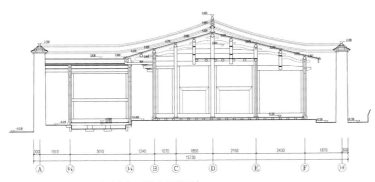
图2-2-6　清代早期穿斗构架（梁守磐故居）

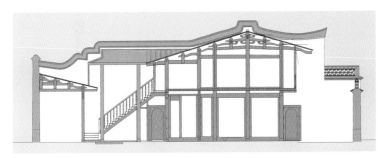
图2-2-7　清代阁楼构架（尤氏民居）

（4）经济发展也为人们提高文化提供了物质基础，这个时期人们在审美观点上出现了装饰主义的倾向。

（5）清代以来，海禁松弛，移民和留学海外人口增多，回来后不仅带来资金，也带来了海外的文化影响。

（6）随着木材的逐渐减少，也迫使用小料代替大料以及开发新的建筑材料，来解决木料的供需矛盾。

2. 演进的三个历史分期

清代福州古厝演进按历史分期可分为三个阶段：

（1）沿袭期

大约从清顺治至雍正（1644~1735年）。福州古厝形制基本沿袭明代制度，改进不大，建筑附加装饰少，用材粗大，房屋坡度较缓，整体艺术风格呈现出稳重古朴的格调（图2-2-6）。

（2）成熟期

指清乾隆至道光（1736~1850年）这时期的演进，具体表现为：

①平面形制向多样化发展，进深普遍加深、主落甚至深达4~5进。

②建楼阁的实例明显增多，占天不占地，扩大了居住的使用空间（图2-2-7、图2-2-8）。

③用材明显减少，柱的细长比增加明显，拼合材做法较普及。

④封火山墙，因房屋更加密集，防火要求更高，使封火山墙比明代高出许多，并且高低起伏形式多样，成为福州古厝最具特色的外部景观。

⑤由于审美观点上出现装饰主义倾向，更重视构件的细部装饰：如隔扇门窗的隔心板改为木雕精细的雕花板；石雕精细的石柱础、门枕石、石门框上盖板、柜台脚装饰的石阶等，石雕构件明显增多；山墙及门墙部分的灰塑明显增多且更加精美（图2-2-9）。

⑥大宅院中附建花园、花厅的普及程度明显增多，面积广大。

（3）转型期

至清咸丰以后（1851~1911年），中国逐渐沦为半封建半殖民地社会。社会背景的变化引发传统古厝建筑的剧变，这时期的演进具体表现为：

图2-2-8 刘家大院阁楼明间楼厅空间

图2-2-9 高氏文昌阁

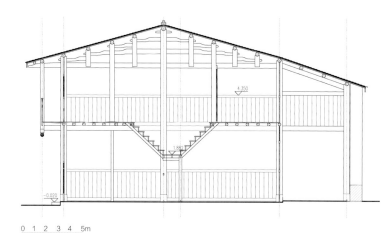

图2-2-10 清代末期穿斗构架形式（龙岭顶巷38号）

图2-2-11 清代末期门窗形式之一（黄任故居）

图2-2-12 清代末期门窗形式之二（刘冠雄故居）

①清代有关士庶宅第制度没有明确的规定，只是相沿明代的旧规。官员购赁住房自有，外地官员亦置办住宅，同时住宅内附建宅园成为一时风尚，尤以关于退休领养买房建房更为普遍（如福州螺洲的陈氏玉楼），可以说这时期传统古厝的等级制度也逐渐走向解体，开始孕育出丰富的新住宅形制。

②青砖材料的大量使用，使结构上大量出现在砖墙上直接搁梁搁檩的砖木混合结构。

③屋架部分出现整个双坡屋面，而且在极少量的柱顶上搁置斜梁，而后将檩木直接搁置在斜梁上，形成了三角形屋架的雏形做法（图2-2-10）。

④清代末年玻璃推广应用到古厝中，直接影响到门窗棂图案和形式的变异。具体表现为不带绦环板的方格玻璃门窗的装修做法明显增多，窗棂图案也有细化的倾向（图2-2-11、图2-2-12）。

⑤原大宅中面阔三间的敞厅，其明间的横向扛梁，到了清后期（转化期）大多被加上了可拆卸的整樘门窗隔扇，平时把次间隔为封闭的内厅使用，遇到婚丧喜庆，又可以卸下门窗，恢复原有的敞厅功能。

⑥出现了大叉手结合穿斗式的做法：所谓大叉手，是指古厝建筑的屋顶采用交叉的两根斜梁，在交叉处榫接成三角形棚架，群排三角形叉架上搁置檩条，上钉椽条，再铺瓦，形成整体屋面。这种屋架形式构造简单，斜梁可以保证屋面的整体性

较好。且避免了复杂的榫接构造，其做法简单，对木材加工和建造技术要求相对较低，构架受力合理，用料更省。这种做法使下部的支撑力直接传到斜梁，再由斜梁统一承接各檩，且各缝架位置不相对应，檩距可调，与三角形屋架类似。所以，这应该是演进过程中进入转型期的必然过程。

总之，紧凑用地、加工成熟、装饰精细、加长进深、广造庭园，这些是转化期清代古厝的发展趋势。这个时期的古厝建筑开始脱离了古典建筑的轨道，打破了几千年的统一性，向多元化发展，有些现象已经似是而非，甚至有些混乱，无法用规制来约束各种古厝形式，但这正是社会在这个时期古厝建筑上的反映，是历史的必然。

三、民国建筑特征

自鸦片战争开始（1840年6月）以后，福建省内的福州、厦门等地辟为对外通商口岸，厦门成了外国人控制的租界地，福州虽未成为租界，却建立了外国人享有特权的居留区。其社会背景与社会经济的发展变化，尤其是受近代西方文明的影响，民间的生活方式开始缓慢地改变，进而引发了古厝的剧变和转型。

近代中国建筑的转型基本上沿着两个途径发展：一是外来移植，即输入、引进国外同类型建筑；二是本土演进，即在传统旧有类型基础上进行改造与演变。福州古厝转型期（1912~1949年，民国时期）主要是以本土演进的途径进行。对于这种"本土演进"的近代建筑，虽然不是现代转型的主渠道，但建造的数量很大，主要包括与普通市民生活息息相关的居住建筑和商业建筑。这些由地方工匠主导的民间建筑同样受到外来的影响，造就了与传统建筑不同的近代建筑演变，正是这种大量的扎根于福州地域实际的本土演进式建筑，构成了福州近代新本土古厝。

1. 福州传统古厝的演进与转型路径

新形式的形成总是以某些旧形式的消亡为代价，变化了的生活方式要求与其相适应的建筑形式，从而引起建筑形态的演变。

（1）平屋向楼屋发展

清道光二十四年（1844年）福州作为"五口通商"口岸开埠之后，对外开放促进商业繁荣，人口急剧膨胀，城镇用地紧凑，古厝的空间形态开始发生显著变化。各种密度较高，且采用紧凑平面布局的联排式住宅，木造廊式洋楼等新建筑形式相继出现，越来越多的二层或三层楼房住宅及多层商业建筑出现（图2-2-13）。

（2）空间轴线与等级伦理制度减弱

随着时间的推移，大家族的家庭结构逐渐被小家庭所替代，这就使得社会需要以3~4

图2-2-13　民国建筑外廊形式（陈兆锵故居）

0 1 2 3 4 5m

图2-2-14　民国建筑空间演变（中平路186号）

图2-2-15　民国建筑窗扇形式（采峰别墅）

口之家为主要结构模式。当人们生活的核心由"家族"变为"家庭"的时候，家庭成员之间的平等、民族、和谐等显得更为重要，原有古厝空间形态强调轴线的布局方式必然会受到冲击和淡化。

（3）由通用式走向实用式

在福州的民国建筑中，对洋风的古厝建筑原封不动的克隆式的引进实例极少见，大多在引进过程中糅入了本土精神、本土习惯和本土技术，实为一种"再创造"的过程。这些仿西洋式的民国建筑，人们并不在乎是否"正统"，所关注的是能否满足使用要求，是否具有技术保障的可操作性。

2. 福州传统古厝转型期的演进特征

在福州民国建筑中，很大一部分表现为门面西洋化，与传统单层古厝相比，洋楼主要具有外部形式的洋化与空间布局的洋化两个主要特点。其演进的特征具体表现在几个方面：

（1）空间布局形式

民国时期福州古厝在空间布局形式的演进主要表现在平面布局的演变与层数变化上。

（2）结构形式

随着中西文化的交流与外来材料的增多，传统古厝的木构架在传统的穿斗式、抬梁式构造的基础上融合了西方屋架的人字梁架构的特点，屋架形式由穿斗演进为三角形屋架（图2-2-14）。

同时，青砖材料被普遍推广使用（其中也有部分是红砖）以及三角形木屋架形式设计日趋规范，使砖木混合结构形式成为福州古厝转型期建筑结构演进的主流（图2-2-15）。

（3）立面与门窗形式

至近代，西式建筑外墙多窗的形式对福州传统古厝沿街立面产生较大影响，相当一部分传统古厝开始在山墙或街墙面上开西式券窗以满足通风、采光的功能需求。

在建筑开窗上，洋楼的西式窗户比传统古厝窗的洞口面积要大得多，逐渐转变了传统古厝室内空间中的"光厅暗房"的生活习惯。洋楼的厅堂大多采用"一门双窗"的布置方式；卧室在满足安全性和私密性的基础上也尽量多开窗，甚至出现一间卧室布置了五六个窗口的做法；百叶窗的引入使得在大面积开窗的情况下，既能遮挡外人的窥视，又能使夏季凉风渗入室内。

（4）材料与装饰

西式建筑对传统古厝的影响不仅表现为建筑局部的西化，更反映在新材料的运用上。传统古厝采用的新材料主要有机制砖、水泥瓦、水泥砖、平板玻璃、铸铁、洋灰等。其中，平板玻璃主要取代油纸用于窗户部位，彩色玻璃用于装饰，铸铁多用于制作铸铁栏杆、铁艺窗栅等，水泥花砖作为铺地，洋灰则作过梁、扶手栏杆等材料。

（5）细部装饰的演进

细部装饰的演进主要表现在装饰形式与样式两个方面：在形式上，传统装饰取向精简化和几何化；在样式上，局部引入西洋古典装饰元素。

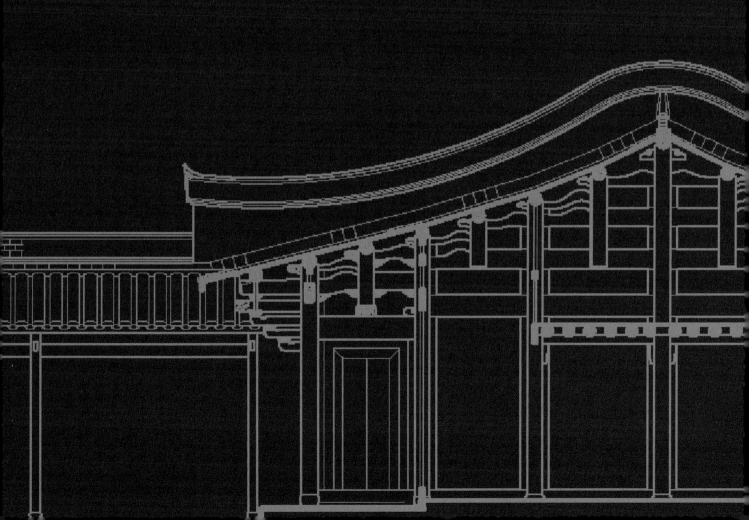

第三章

福州古厝保护修缮的
技术要点

第一节　不可移动文物修缮的技术要点

一、保护依据与原则

1. 保护依据

《中华人民共和国文物保护法》（1982年）

《中国文物古迹保护准则》（2015年）

《古建筑木结构维护与加固技术标准》（2020年）

《文物保护工程设计文件编制深度要求（试行）》（2013年）

《近现代文物建筑保护工程设计文件编制规范》WWT 0078—2017

《近现代历史建筑结构安全性评估导则》WWT 0048—2014等

2. 保护原则

依据《中国文物古迹保护准则》（2015年）相关规定整理汇总了对于文物保护修缮工程影响较大的几个原则：

（1）不改变原状

不改变原状是文物古迹保护的要义。它意味着真实、完整地保护文物古迹在历史过程中形成的价值及其体现这种价值的状态，有效地保护文物古迹的历史、文化环境，并通过保护延续相关的文化传统。

文物古迹的原状是其价值的载体，不改变文物古迹的原状就是对文物古迹价值的保护，是文物古迹保护的基础，也是其他相关原则的基础。

不改变文物原状的原则可以包括保存现状和恢复原状两方面内容。

必须保存现状的对象有：

①古遗址，特别是尚留有较多人类活动遗迹的地面遗存；

②文物古迹群体的布局；

③文物古迹群中不同时期有价值的各个单体；

④文物古迹中不同时期有价值的各种构件和工艺手法；

⑤独立的和附属于建筑的艺术品的现存状态；

⑥经过重大自然灾害后遗留下有研究价值的残损状态；

⑦在重大历史事件中被损坏后有纪念价值的残损状态；

⑧没有重大变化的历史环境。

可以恢复原状的对象有：

①坍塌、掩埋、污损、荒芜以前的状态；

②变形、错置、支撑以前的状态；

③有实物遗存足以证明原状的少量的缺失部分；

④虽无实物遗存，但经过科学考证和同期同类实物比较，可以确认原状的少量缺失的和改变过的构件；

⑤经鉴别论证，去除后代修缮中无保留价值的部分，恢复到一定历史时期的状态；

⑥能够体现文物古迹价值的历史环境。

历史上多次进行干预后保留至今的各种状态，应详细鉴别论证，确定各个部位和各个构件价值，以确定原状应包含的全部内容。

一处文物古迹中保存有若干时期不同的构件和手法时，经过价值论证，可以根据不同的价值采取不同的措施，使有保存价值的部分都得到保护。

（2）真实性

真实性是指文物古迹本身的材料、工艺、设计及其环境和它所反映的历史、文化、社会等相关信息的真实性。对文物古迹的保护就是保护这些信息及其来源的真实性。与文物古迹相关的文化传统的延续同样也是对真实性的保护。

真实性包含物质与非物质两部分，其内容包括了外形和设计、材料和材质、用途和功能、传统，技术和管理体系、环境和位置、语言和其他形式的非物质遗产、精神和感觉、其他内外因素。

真实性还体现在对已不存在的文物古迹不应重建；文物古迹经过修补、修复的部分应当可识别；所有修复工程和过程都应有详细的档案记录和永久的年代标志；文物古迹应原址保护等几个方面。

（3）完整性

文物古迹的保护是对其价值、价值载体及其环境等体现文物古迹价值的各个要素的完整保护。文物古迹在历史演化过程中形成的包括各个时代特征、具有价值的物质遗存都应得到尊重。保护文物古迹的完整性的原则是指对所有体现文物古迹价值的要素进行保护。

文物古迹具有多重价值。这些价值不仅体现在空间的维度上，如遗址或建筑遗存、空间格局、街巷、自然或景观环境、附属文物及非物质文化遗产等的价值；也体现在时间的维度上，如文物古迹在存在的整个历史过程中产生和被赋予的价值。

（4）最低限度干预

应当把干预限制在保证文物古迹安全的程度上。为减少对文物古迹的干预，应对文物古迹采取预防性保护。

对文物古迹的保护是对其生命过程的干预和存在状况的改变。采用的保护措施，应以延续现状，缓解损伤为主要目标。这种干预应当限制在保证文物古迹安全的限度上，必须避免过度干预造成对文物古迹价值和历史、文化信息的改变。

作为历史、文化遗存，文物古迹需要不断地保养、保护。任何保护措施都应为以后的保养、保护留有余地。

凡是近期没有重大危险的部分，除日常保养以外不应进行更多的干预。必须干预时，附加的手段应只用在最必要部分。

预防性保护是指通过防护和加固的技术措施和相应的管理措施减少灾害发生的可能、灾害对文物古迹造成损害，以及灾后需要采取的修复措施强度。

（5）使用恰当的保护技术

应当使用经检验有利于文物古迹长期保存的成熟技术，文物古迹原有的技术和材料应当保护。对原有科学的、利于文物古迹长期保护的传统工艺应当传承。所有新材料和工艺都必须经过前期试验，证明切实有效，对文物古迹长期保存无害、无碍，方可使用。

所有保护措施不得妨碍再次对文物古迹进行保护，在可能的情况下应当是可逆的。

恰当的保护技术指对文物古迹无害，同时能有效解决文物古迹面临的问题，消除潜在威胁，改善文物古迹保存条件的技术。

运用于文物古迹的保护技术措施应不妨碍以后进一步的保护，应尽可能采用具有可逆性的保护措施，以便有更好的技术措施时，可以撤销以前的技术措施而不对文物古迹本体及其价值造成损失。

二、修缮措施技术要点

根据《中国文物古迹保护准则》整理归纳了修缮的内容与要点。

1. 修缮的内容

修缮包括现状整修和重点修复。

（1）现状整修

现状整修主要是规整歪闪、坍塌、错乱和修补残损部分，清除经评估为不当的添加物等。修整中被清除和补配部分应有详细的档案记录，补配部分应当可识别。

现状整修包括两类工程：一是将有险情的结构和构件恢复到原来的稳定安全状态；二是去除近代添加的、无保留价值的建筑和杂乱构件。

现状整修需遵守以下原则：

①在不扰动整体结构的前提下，将歪闪、坍塌、错乱的构件恢复到原来状态，拆除近代添加的无价值部分；

②在恢复原来安全稳定的状态时，可以修补和少量添配残损缺失构件，但不得大量更换

旧构件、添加新构件；

　　③修整应优先采用传统技术；

　　④尽可能多地保留各个时期有价值的遗存，不必追求风格、式样的一致。

　　（2）重点修复

　　重点修复包括恢复文物古迹结构的稳定状态，修补损坏部分，添补主要的缺失部分等。

　　重点修复应遵守以下原则：

　　①尽量避免使用全部解体的方法，提倡运用其他工程措施达到结构整体安全稳定的效果。当主要结构严重变形，主要构件严重损伤，非解体不能恢复安全稳定时，可以局部或全部解体。解体修复后应排除所有不安全的因素，确保在较长时间内不再修缮。

　　②允许增添加固结构，使用补强材料，更换残损构件。新增添的结构应置于隐蔽部位，更换构件应有年代标志。

　　③不同时期遗存的痕迹和构件原则上均应保留；如无法全部保留，须以价值评估为基础，保护最有价值的部分，其他去除部分必须留存标本，记入档案。

　　④修复可适当恢复已缺失部分的原状。恢复原状必须以现存没有争议的相应同类实物为依据，不得只按文献记载进行推测性恢复。对于少数完全缺失的构件，经专家审定，允许以公认的同时代、同类型、同地区的实物为依据加以恢复，并使用与原构件相同种类的材料。但必须添加年代标识。缺损的雕刻、泥塑、壁画和珍稀彩画等艺术品，只能现状防护，使其不再继续损坏，不必恢复完整。

　　⑤作为文物古迹的建筑群中在整体完整的情况下，对少量缺失的建筑，以保护建筑群整体的完整性为目的，在有充分的文献、图像资料的情况下，可以考虑恢复建筑群整体格局的方案。但必须对作为文物本体的相关建筑遗存，如基址等进行保护，不得改动、损毁。

　　2. 木构建筑修缮要点

　　木构类文物保护单位在遵守《中国文物古迹保护准则》保护原则的前提下，其修缮要点按照《古建筑木结构维护与加固技术标准》（GB/T 50165—2020）相关规定执行，包括工程勘查、古建筑木结构的鉴定、木构架的维护、修缮与加固、相关工程的维护、工程验收等相关方面的内容。

　　维护与加固工程包括保养维护工程、修缮加固工程以及抢险加固工程。

　　古建筑木结构的维护与加固，不得改变文物原状。

　　维护与加固古建筑木结构时，应保存其原形制、原结构、原材料和原工艺。

　　古建筑木结构的维护与加固的方案与设计，应根据对该结构勘查和结构鉴定结果确定，并应遵循最少干预原则。

3. 近现代史迹及代表性建筑修缮要点

根据《中国文物古迹保护准则》保护措施对于近现代建筑、工业遗产和科技遗产的相关规定，整理如下：

近现代建筑、工业遗产和科技遗产的保护应突出考虑原有材料的基本特征，尽可能采用不改变原有建筑及结构特征的加固措施。增加的加固措施应当可以识别，并尽可能可逆，或至少不影响以后进一步的维修保护。

近现代建筑、工业遗产和科技遗产类型的文物古迹，由于大量使用了混凝土等现代建筑材料，其结构体系和材料具有鲜明的时代特征，是文物古迹价值的重要载体。对这一类型的文物古迹进行结构加固时，应在价值评估、结构强度评估的基础上，选择对原有建筑形态、结构体系干扰最小、具有可逆性或至少不影响以后维修、保护的技术方案，从而避免对于体现其文物价值、反映建筑基本特征部分不可逆的改动。

结构加固需要考虑作为文物古迹的近现代建筑、工业遗产和科技遗产的使用功能与现有相关规范之间的关系，把对文物古迹价值的保护放在首要位置。

第二节　历史建筑修缮的技术要点

一、保护修缮依据与原则

依据《历史文化名城保护规划标准》（GB/T 50357—2018）5.0.4应科学评估历史建筑的历史价值、科学价值、艺术价值以及保存状况，提出历史建筑的场地环境、平面布局、立面形式、装饰细部等具体的修缮维护要求，所有修缮维护、设施添加或结构改变等行为均不得破坏历史建筑的历史特征、艺术特征、空间和风貌特色。

历史建筑保护修缮改造应符合福州市历史建筑保护规划、保护图则、相关法律法规以及管理文件等的要求，具体修缮细则可参考《福州市历史建筑保护修缮改造设计技术导则》《福州市历史建筑保护修缮改造施工技术导则》以及相关的结构、消防等系列导则的要求。

经历史建筑保护规划、保护图则或勘查阶段价值评估认定的核心价值要素，对其的保护修缮应参考文物保护修缮相关的条例，按真实性原则、最低限度干预原则、可识别性原则以及可逆性原则进行科学合理的保护。

1. 真实性原则

指历史建筑核心价值要素的材料、工艺、设计及其环境和它所放映的历史、文化、社会等相关信息的真实性。对历史建筑的保护就是保护这些信息及其来源的真实性。与历史建筑相关的文化传统的延续同样也是对真实性的保护。

2. 最低限度干预原则

指应当把干预限制在保证历史建筑核心价值要素安全的程度上。为减少对历史建筑核心价值要素的干预，应采取预防性保护。

3. 可识别性原则

指慎重对待历史建筑在它存在的历史过程中的遗失和增建部分，对不可避免的添加和缺失部分的修补必须与整体保持和谐，但同时需区别于原作，以使修缮不歪曲其艺术或历史见证。

4. 可逆性原则

指修缮改造的措施应尽量做到可以撤除而不损害建筑本身，修缮新添加的材料其强度应不高于原始材料，新旧材料要有物理、化学兼容性。为将来采取更科学、更适合的修缮留有余地。

最大限度发挥历史建筑使用价值，支持和鼓励历史建筑的合理利用。在保护"核心价值要素"，保障建筑安全的前提下，根据活化利用的需要，可以适度改造。

二、现状勘查与价值评估

1. 现状勘查

历史建筑在保护修缮或改造工程前，应先进行房屋综合勘查，评估其结构及功能质量安全。

为提高勘查的准确性，必要时允许拆除部分价值不高的吊顶，对隐蔽构件的现状进行勘查。

历史建筑现状勘查包括结构安全性、核心价值要素保存现状、后期改新改扩情况的勘察，需查明结构体系、传力途径、主要构件用料、连接构造、核心价值要素、地方特色装修、构造及工艺特点、历史残损情况、剖析隐蔽项目损坏程度、判断损坏原因等，勘查报告的内容和深度应符合《福州市历史建筑保护修缮改造设计技术导则》第三章第一节和第二节的要求。

历史建筑现状勘查鼓励采用新技术，如三维激光扫描、各类无损检测技术等（图3-2-1~图3-2-3）。对于暂未修缮的历史建筑应有专业人员定期查勘掌握其完损等级状况，发现问题及时维修，按等级类别3~5年轮修保养一次。

2. 价值评估

设计单位应依据历史建筑保护规划、保护图则以及现状勘查对历史建筑进行综合评估，

图3-2-1　三维激光扫描仪

图3-2-2　砂浆检测仪

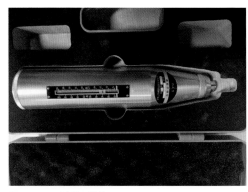

图3-2-3　测砖回弹仪

包括价值认定、保存状态、管理条件等，其中价值认定应明确注明核心价值要素及所在位置。

三、场地布局总体要求

历史建筑场地布局主要包括历史建筑及其周边地形环境（图3-2-4、图3-2-5）、组群关系（图3-2-6）、平面格局以及相应的环境要素（图3-2-7）。

历史建筑保护范围内具有表征意义的环境要素，应按原式样、原材料、原工艺进行修复，恢复原有环境风貌，包括雕塑、山石（图3-2-8）、亭池（图3-2-9）等建筑小品，以及围墙、护栏、道路、灯饰等建筑饰物。

历史建筑保护范围内原有的绿化，乔木、特殊花草、名贵树木等具有保护价值的，应予保护（图3-2-10、图3-2-11），普通的花草、杂树等对历史建筑及其环境安全造成威胁的应及时清除，避免造成更大的破坏，新增环境绿化应与建筑历史环境相协调。

保护历史建筑不同时期形成的有价值的结构、构件和痕迹，尽可能恢复历史平面格局，特别是木构建筑院落空间的相互关系。

应对历史建筑保护范围内现存建（构）筑物进行甄别，区分原有建筑、历史改建或添建建筑、当代改建或添建建筑以及损毁无存建筑四类情况，评估其保护价值和建筑质量，以采取不同的保护整治措施：

（1）原有建筑：集中反映建筑始建的建筑平面、结构及其时代特征，应严格保护（图3-2-12）。

图3-2-4　保持历史建筑保护范围周边地形
环境

图3-2-5　保持院落内的地形环境

图3-2-6　保护院落的组群关系

图3-2-7　保护院落所依存的环境

图3-2-8　保护院落的假山

图3-2-9　保护院落组群内的亭子

图3-2-10　保护院落内古树与墙体的共生关系

图3-2-11　保护历史建筑内的环境要素——
盆景

图3-2-12　原有建筑形式

图3-2-13　局部当代改建

图3-2-14　改建的卫生间隔断与历史建筑风貌相协调

图3-2-15　改建的卫生间隔断与历史建筑风貌不协调

（2）历史改建或添建建筑：已经经历一定的历史时期（距今50年以上），能反映一定时代特征，具有一定历史、科学和艺术价值，保存质量好的应现状保留，保存质量一般的尽量维修保留，保存质量差的可拆除。

（3）当代改建或添建建筑（主要指违章搭棚、违章建筑，如拆旧建新）（图3-2-13）：以整体拆除为主，个别位于次要区域且体量较小、风貌容易整治协调的建筑可酌情保留，但应采取风貌整治措施。

（4）损毁无存建筑：应掌握充分的历史依据，允许按历史样式进行复原。

历史建筑保护范围内因功能需要，确需新改扩建（构）筑物，其位置、尺度、用料、色彩等，在满足功能要求的同时，应与历史建筑传统风貌相协调（图3-2-14、图3-2-15）。

当保护规划要求将孤立的历史建筑迁入历史建筑成片保护区内时，可采用建筑物整体移位技术或其他迁建技术将孤立的历史建筑迁移至成片保护区内保护。对于迁移的历史建筑，在总平面图设计时应考虑延续原朝向，周边环境尽可能与原环境相似。

四、主要立面设计总体要求

1. 主要立面要素

木构建筑应包括：门面（图3-2-16）、门头房（图3-2-17）、围墙（图3-2-18）、承重墙、封火墙等及其附属装修装饰（如墙面、墙帽、女儿墙、栏杆、门窗、石雕、砖雕、木雕、灰塑（图3-2-19）、彩画墨字）。

砖（石）砌体建筑应包括：屋面、墙面、柱子、门窗（图3-2-20）、雨篷、阳台、台阶及烟囱、檐口、女儿墙、栏杆、勒脚、门窗套、墙面装饰花饰等。

2. 主要立面设计要求

应考证各时期的建筑立面变迁，对历史建筑立面进行历史风貌、建筑质量评估，并根据保存状况分别采取相应的保护整治措施，恢复历史风貌。

保存状况较好的历史建筑立面，应现状保护，以必要的清理维修措施为主（图3-2-21）。

保存状况一般的历史建筑立面，可采取合适的维修和加固措施，不宜拆旧建新（图3-2-22）。

保存状况较差的历史建筑立面，允许在保护现存立面的基础上，进行局部复原（图3-2-23）。

改建不当的历史建筑立面，应按照当地建筑立面典型图卡，进行风貌整治或拆除重修（图3-2-24）。

图3-2-16　修复门面

图3-2-17　修复门楼

图3-2-18　围墙按原样修复

图3-2-19　修复墙头的彩绘

图3-2-20　主要立面门扇的修复

图3-2-21　保存较好的墙体做法

图3-2-22　保存一般的立面形式

图3-2-23　改建不当的主要立面乱涂乱画

图3-2-24　保存较差的立面

五、内部空间设计总体要求

1. 内部空间的主要内容

包括结构体系（图3-2-25）、平面形制（图3-2-26）、建筑空间格局、使用功能、交通组织（图3-2-27）以及室内环境的性能提升（图3-2-28）与可持续利用。

2. 可根据使用需求进行调整

（1）当历史建筑具有较高价值时，应维持其原空间格局、形态和特征，保护能体现传统工艺、风格的空间要素，以及具有保护价值的原空间隔断，内部空间调整应符合空间适应性、结构安全性要求（图3-2-29）。

（2）改造设计涉及的消防设计与审查具体的要求按照《福州市古厝活化利用消防审查工作导则》执行。

图3-2-25 保护历史建筑的结构体系

图3-2-26 平面布局——保持原天井的格局

图3-2-27 楼梯的增设，可逆性

图3-2-28 性能提升

图3-2-29　保持原结构体系不变

图3-2-30　功能延续

图3-2-31　功能完善

图3-2-32　功能转换

图3-2-33　根据布展需要灵活布局

图3-2-34　结合墙体与木构布展

3. 功能不变和功能转换两类设计

功能不变包括功能延续（图3-2-30）和功能完善（图3-2-31）两类情况，在保持内部空间尺度和保障安全的前提下，合理添设和使用现代生活起居设施，不应破坏原有体量、形式、材料、质感、色彩等。

功能转换可根据保护规划的功能定位植入相应的功能，完善相应的公共服务设施，并根据不同功能的需求，结合传统空间特点进行功能分区（图3-2-32），保护延续历史建筑的结构与材料、风格与构造、功能与布局、工艺与技术等，使其符合历史建筑保护要求。

4. 隔断的保护利用

保护原隔断（图3-2-33、图3-2-34），原隔断缺失且对木构建筑空间格局影响较小的，可根据使用需要暂不修复。移除后改的隔断前，应保证与其相关的梁架结构安全。

新增隔断，应优先采用轻质材料，其色彩、材质应与历史建筑相协调，并遵循可逆原则（图3-2-35~图3-2-38）。

5. 垂直交通系统的保护利用

根据历史建筑保护规划和保护图则要求，尽可能保护与利用原有垂直交通系统，因使用

图3-2-35　新增可逆的隔断

图3-2-36　在不破坏原隔断的前提下进行可逆的墙体装饰

图3-2-37　保护与利用原有垂直交通系统之一

图3-2-38　保护与利用原有垂直交通系统之二

图3-2-39　保护大木构件——明间隔断细部

图3-2-40　保护大木构件——轩廊构架细部

功能、消防疏散要求等确需增设垂直交通系统的，需遵循可逆原则，并且增设的垂直交通系统应与历史建筑风貌相协调。

六、细部装饰设计总体要求

1. 建筑构件要素

保护和修复历史建筑的建筑构件，包括柱、梁、枋、檩、斗栱等大木构件（图3-2-39）、隔扇门窗、雀替、梁托、驼墩、弯川等小木构件（图3-2-40～图3-2-42），地面、墙体、屋面铺装的泥作构件，以及砖、石（图3-2-43）、土、瓦、陶、瓷、灰塑等功能构件和装饰构件（图3-2-44）。

2. 细部装饰的设计要求

细部装饰上应对现存建筑构件进行甄别，区分原构件、历史构件、当代构件等三类情况，分别评估其保护价值及保存质量，并采取不同的保护整治措施。

原构件：对于反映建筑重要历史时期的构件结构、材质、形制、规格及其时代特征的原构件，采取现状保存或维修保留的方式，不轻易更换。

图3-2-41　小木构件——一斗三升构件

图3-2-42　小木构件——一进灯杠托细部

图3-2-43　砖石构件——保留天井遗存的构件

图3-2-44　屋脊细部——正脊上后期压厝脊

图3-2-45　功能改变后，不得改变历史建筑
总体结构体系

图3-2-46　主体结构完好，保持原结构

历史构件：应尽可能现状保存或维修，保留已更换一定历史时期（距今50年以上）、能反映一定时代特征、具有一定历史、科学和艺术价值的历史构件。

当代构件：近50年以来添配或更换的构件，其结构、材质、形制、规格和风格符合历史建筑保护规划或保护图则要求的允许继续使用，不符合相关要求的应予以拆除或更换。

七、结构专业设计总体要求

1. 建筑结构的设计内容

包括地基基础加固、承重墙体加固、木框架加固、木楼面、木楼梯构件加固、木屋架加固、钢筋混凝土构件加固。

2. 建筑结构的设计要求

1）建筑结构鉴定、加固等具体的要求按照结构导则执行。

2）因使用功能完善或功能改变而进行的保护修缮改造设计必须进行充分论证，应注重保护历史建筑主要立面及内部重要装饰，不得改变历史建筑总体结构体系（图3-2-45）。

3）历史建筑的保护修缮应以结构安全为前提应根据结构安全性评估报告结果采取相应的保护修缮对策：

（1）完好型

主体结构构件保存完整度较高，仅少数承重构件存在轻度腐朽、虫蛀、霉变、缺失或折断等病害，且不影响整体结构安全的，其结构保护修缮应保存现状或恢复原状，应以原式样、原材料、原工艺对残损构件进行修复（图3-2-46）。

图3-2-47 主体结构一般，按原形式修缮（改造前）

图3-2-48 主体结构一般，按原形式修缮（改造后）

图3-2-49 主体结构差，可采用钢木组合（改造前）

图3-2-50 主体结构差，可采用钢木组合（改造后）

（2）一般型

主体结构构件保存完整度一般，部分承重构件出现显著影响承载力的残损或整体结构出现变形、连接处出现脱落、拔榫等现象，且显著影响整体结构安全的，其结构保护修缮以可识别性、可逆性为原则，尽可能保护历史建筑真实性，采用原样修复、恢复原貌的做法，可适当引入现代材料将新的加固构件与旧有构件相结合（图3-2-47、图3-2-48）。

（3）较差型

主体结构构件保存完整度差，承重构件与结构残损都较为严重，且严重影响主体结构的安全性的，其结构保护修缮可采用新的结构体系，如钢结构、木结构或钢木组合等形式代替原毁损的木结构体系，以改善历史建筑内部空间格局的使用（图3-2-49、图3-2-50）。

3. 建筑常用的结构加固方法

历史建筑的加固应根据不同的保护修缮等级，选用适当的加固方法，优先采用传统的结构加固方法，采用新的结构加固方法应具有可逆性，结构加固不得破坏核心价值要素。

1）木构建筑结构加固可依现状残损情况不同采取相应的方法：

（1）更新法

当构件由于糟朽、劈裂等原因不能继续使用时，可采用新料替换。

（2）补强法

因糟朽、劈裂、拔榫、脱位等原因引起的结构力削弱，应给予补充、加固，较常用的办法有加箍、加垫钢、木夹板、墩接等。

（3）修正法

当大木构件只是轻微破损时可采取修正法。

（4）卸载法

适用于对于因种种原因而遭到破坏，且已不能承受荷载又不便于更换的构件（尤其是对于年代久远，工艺珍稀等有特殊价值的构件），将其荷载转卸到其他构件之上。

（5）以拆安为主穿插归安的加固整修法

大木构件中存在构件缺失、腐朽、拔榫、崩裂、残损、变形、位移等多种不良现状，宜采取以拆安为主，穿插归安的修缮形式。

（6）下撑式拉杆（或拉索）加固法

梁枋构件的挠度超过规定的限值，承载能力不够以及发现有断裂迹象时，可以通过下撑式拉杆（或钢丝索）对其进行加固。

（7）夹接、托接加固法

木梁在支撑点易产生腐朽、虫蛀等损坏，且损坏深度大于梁高的三分之一，可采取夹接或接换梁头的方法进行加固。

（8）打牮拨正法

当木构架倾斜率小于3%，可不落架大修，对木构架进行纠偏扶正。

（9）不均匀沉降纠平做法

适合用于建筑柱基不均匀沉降或建筑中部分柱脚腐烂引起的局部楼面、梁架沉降的纠平修复工程。

2）砖（石）砌体建筑结构加固方法

砖（石）砌体建筑保护修缮的结构加固设计包括整体结构加固、局部区段加固和局部构件加固三种类型。

（1）整体牢固加固

一般采用外加构造措施，包括外加圈梁、外加构造柱、增强纵横墙拉结措施、提高楼面整体性等。

（2）局部区段加固

a. 地基基础加固：浅基础地基持力层承载力不足的加固，可采取基础扩大底面加固法、地基注浆加固法或增设树根桩（锚杆静压桩）加固法；地基不均匀沉降导致基础裂缝的可采用注浆法修补；建筑倾斜过大的，可采取整体纠倾等加固法。

b. 承重砌体加固：可采用外包型钢加固法、增设扶壁柱加固法、钢筋网水泥砂浆面层加固法、钢筋混凝土面层加固法等直接加固法或增设支点法等。

c. 夯土墙加固：根据裂缝产生的原因和损伤程度，可采取修复裂缝以及拆除重砌等方法。

（3）局部构件加固

a. 钢筋混凝土构件加固：保护层出现顺筋裂缝或保护层脱落时，可采用聚合物砂浆抹面修补法；当承载力不足时，板构件的加固，可采用增设支点加固法；梁可采用增大截面法、表面粘贴钢板或纤维复合材加固法、外包型钢加固法、增设支点法进行加固。柱可采用增大截面法、外包钢加固法进行加固。

b. 砖（石）墙体构件加固：非受力裂缝的修复，可根据实际情况和保护要求采用填缝法、压浆法、外加网片法或局部置换法。

八、设备专业设计总体要求

1. 设备维护与更新应满足下列要求

为满足历史建筑使用要求，提升历史建筑使用功能，改善建筑内部的舒适性，应在符合历史建筑保护要求的前提下，根据建筑功能定位，对设备系统进行重新设计和布局。

若原设备或原系统仍能满足当前的使用需求，应优先利用原设备或原系统，将设备系统的更新对建筑的影响降至最小。此外，建筑内部的灯饰、五金件等往往是核心保护要素，根据保护价值评估结果，需予以整修并保留。

因功能提升新增的相关设备设施，如空调、太阳能、水箱等，应在保证正常使用的前提下隐蔽设置，宜放置在建筑背立面、庭院角落等不影响历史建筑风貌的地方（图3-2-51~图3-2-54）。

2. 给排水的设计要求

原历史建筑中室外为无组织排水的，应采用有组织排水。原有下水道如走向合理，符合排水要求，仅出现局部损坏或堵塞的，应按原来工艺特点进行局部排堵修换。

新敷设或翻做排水管时，不得影响历史建筑及其周边环境。

结合室外景观设计，在绿化带内，均匀布置集水渗透井和渗透沟、设置雨水收集池或将

图3-2-51　中央空调隐蔽设置

图3-2-52　消防栓隐蔽设置

雨水就近排入景观水体，降低对市政雨水管网的冲击负荷。

管道与市政管线的接口位置应充分利用原管道接口，减少对市政的影响，因特殊情况无法利用原接口时，可咨询市政部门，并征得相关同意后进行改造设计。

3. 电器线路的设计要求

原历史建筑进行电器线路更新，应按现行规范、标准设计新线进户方式、位置，新表位置，漏保开关位置，接地保护及敷线方式等。（图3-2-55）

主要立面不宜设置强弱电电气设施，需新增泛光照明时，应在不影响风貌保护的前提下，隐蔽布设灯具、电缆。

电气管线优先用暗线敷设，必要时亦可采用明敷，应尽量集中有序地设置线槽或固定管线的托架，并做好管线之间的绝缘设置。

4. 建筑防雷的设计要求

防雷、接地系统应优先利用原有系统，原建筑无防雷、接地系统或原系统不符合现行相关规范时，应根据坐落地域、地形地貌位置，按《建筑物防雷设计规范》（GB 50057—2016）设置避雷针或避雷网。（图3-2-56）

图3-2-53　管线与风貌相协调铺设

图3-2-54　空调设备隐蔽设置

图3-2-55　管线与历史建筑整体风貌的
协调性（中平路66-72号）

图3-2-56　防雷设备的设置

防雷系统应尽量避免对建筑物主要立面及屋面构成破坏，设计时以尽量不破坏建筑物主要立面为原则。

九、迁移工程设计总体要求

迁移工程指因公共利益需要，对历史建筑无法实施原址保护且并无其他更为有效的手段，所采取的将历史建筑整体或局部搬迁，异地保护的工程。

当场地条件允许时，历史建筑的近距离迁移宜采用建筑物整体移位技术，将历史建筑整体迁移至新址，避免拆除原建筑。

1."四原"的保存原则

迁移过程的重点是坚持原历史建筑的"四原"保存原则：

1）保持原来的形制

历史建筑的形制包括平面布局、造型、艺术风格、民族和地区的特定及思想信仰等，要保证原状形制的保存与保护，必须先将原状和后加部分进行区分。以原状为基准进行勘察设计，绘制图纸，并对其进行编号，作为拆卸与迁建保存恢复原形制时的依据。

2）保持原来的结构

拆前将建筑的原地基与基础、主体结构形式的受力情况进行保护记录。如：砖、石、木、梁架、墙体、屋脊的原状尺寸材质进行测绘、勘察、等级、拍照、编码记录，小心拆卸、保护，降低拆卸损耗，拆后构件包装运输减少损坏，根据原结构构件按原状迁建，对号进行安装。

3）保持原来的材料

拆卸与重建的材料，以拆卸保存下来的作为基准进行修复，不足的部分，如腐烂、缺失等需要补缺的，历史建筑应按原式样、原材料、原工艺进行补配或用同一年代的旧屋拆卸下来进行置换，保证原材料统一，以保存、保护其原材料、原工艺技术等。

4）保持原来的工艺

基础与花基砌法、楼地面、大木构架、小木装修、墙体夯筑工艺、屋面做法、雕饰等在条件许可的情况下应按照原工艺进行。

2. 整体迁移技术要点

1）迁移测试

迁移历史建筑在技术上并不是百分之百的可靠，所以事先必须做好论证工作，对原结构构件的变形和裂缝、材料强度、抗震性能、场地地质等均应该进行现场勘测和勘探。

2）整体加固

历史建筑在迁移全过程应该做好临时加固工作，可采用满堂脚手架体系，局部门楣、山墙安放一层泡沫板隔离作为缓冲层进行保护。为加强墙体的整体性，迁移前对较大的窗洞、门洞采用砖砌的方式进行封堵。

3）结构迁移

工程通过墙下双上轨道梁及钢滚轴将上部结构逃托换到下轨道梁上，在每条轴线上设有1个牵引点，这些牵引点由高强钢绞线带动，在同步控制系统的操纵下，在轨道上前进。整个过程要保证受力均匀，同步前进。

4）全程监控

在整个迁移过程中，各部门应做好各个环节的数据实时监控，确保安全无虞。

3. 迁移复建技术要点

1）基础工程比较关键

历史建筑基础多为风化岩层土质，柱基可以采用混凝土基础，墙基、阶沿可以采用浆砌块石基础。

2）材料应尽量使用原材料

根据历史建筑保护的原则，迁移复建尽量要使用原材料，只有在相应构件缺少损坏的时候，才可以按对称位置复原补配相同构件，补配的构件应采用与原构件相同的尺寸、材料及工艺。

3）木作工程必须符合标准

木选材料标准必须符合《古建筑修建工程质量检验评定标准（CJJ 70—76）》南方标准表4.0.3和《木结构设计规范（GB 50005—2003）》的规定，工程所有木构件不得采用腐烂、虫蛀木材，并在安装前作防蚁、防火和防腐处理。

4）油饰色调应按原存风格

油漆工程作为装饰工程的最后一道工序，必须充分反映出建筑物的年代和地方特色，色调做法按原存。要严格按照古建筑油饰工程的程序操作，每层漆膜涂刷要薄，刷纹顺直，不得出现流附、透底、咬色、污染等质量通病。

4. 迁移工程注意事项

1）迁移工程应遵守必要的工作程序

（1）历史建筑的迁移工程，按照工作顺序的先后，分为勘察测绘、迁移工程设计、编号拆卸和安装复原四个阶段。

（2）勘察测绘必须全面、准确，测绘图须反复核对，特别是轴线尺寸、关键部位的尺寸和标高等。做好建筑的详细测绘、信息记录和档案资料保存工作，因为建筑一旦被拆卸，各部位的做法尚可有照片记录，但许多关键性的尺寸即再也无从查考。这是迁移工程对勘察测绘与其他历史建筑勘察测绘的最大不同之处。

（3）只有在完成勘察测绘和构件编号后，方可进行拆卸工作。

2）迁移工程施工不可拆分承包

按照现行的工程施工招投标方法，历史建筑的迁移工程可以按照拆卸、运输和安装施工分别招投标，但不利于保全历史建筑的完整性和迁移工程的顺利进行，所以不建议历史建筑迁移工程拆分承包。

3）迁移工程应包括建筑环境复原

保护历史建筑包括其周边环境，历史建筑迁移后，其原有的历史环境已不复存在，历史建筑迁移新环境应对其周边历史环境进行全部或部分复原。

4）建筑复原中的"留白"问题

历史建筑的迁移工程一般包括局部复原，复原必须有确凿的依据。在拆卸建筑之前，根据现状遗存可以确定其原状者，迁移后恢复其原状。现状遗存尚不能确定其原状者，应维持现状并做好记录存档。

第三节　传统风貌建筑维修的要点

一、维修原则

传统风貌建筑依据《历史文化名城保护规划标准》（GB/T 50357—2018）《福建省传统风貌保护条例》（2021年）等相关法律、法规等的规定开展相关的"维修、改善"工作。

梳理《福建省传统风貌建筑保护条例》中的相关条文，对于"维修、改善"工作相关的内容的规定如下：

第二十条　保护范围内的土地利用和建设活动，应当符合下列保护要求：

（一）维持原有空间格局，保持或者恢复街巷道路、门牌古迹、古树名木、河湖水系等原有景观特征；

（二）建设相关基础设施，或者设置标识、临街广告的，其高度、体量、外观形象及色彩与整体风貌相协调；

（三）对不符合整体风貌要求的建筑物、构筑物，通过修复、改造等方式进行整治。

第二十一条　保护范围内禁止实施下列行为：

（一）擅自拆除传统风貌建筑；

（二）擅自改变传统风貌建筑原有的高度、体量、外观形象及色彩；

（三）擅自设置不符合成片整体保护要求的广告、招贴等户外标牌；

（四）堆放易燃、易爆和腐蚀性强的危险物品；

（五）开山、开矿、采石、采砂、违法占地搭建等破坏性行为；

（六）占用确定保留的园林绿地、古树名木、河湖水系、街巷道路等；

（七）修建生产、储存爆炸性、易燃性、放射性、毒害性、腐蚀性物品的工厂、仓库、码头以及其他对环境有污染的设施等；

（八）其他严重影响传统风貌建筑安全和整体风貌的行为。

第二十四条　在不改变外观、梁架结构和保证安全的前提下，传统风貌建筑的所有权人、管理人或者使用人可以进行外部修缮、内部装饰、添加设施等活动。

承接传统风貌建筑修缮工程的单位应当配备具有修缮技艺的技术工人。

第二十八条　支持传统风貌建筑材料的生产，鼓励研究和运用传统建筑手法、技艺、材质和符号，延续本地区传统建筑风貌。

由此可见，传统风貌建筑相较于历史建筑，侧重于风貌的保护与结构安全，在不改变外观、梁架结构和保证安全的前提下，可对其进行合理的改造利用，具体的改造技术要点可参考历史建筑执行。

二、维修技术要点

梳理明确传统风貌建筑需要维修的内容，可按传统的材料与技艺进行维修，在不影响风貌的前提下，也可使用新技术、新方法。

传统风貌改善的工作更侧重于更新利用，可以从以下几个方面进行相应的研究：功能、结构体系、立面以及设备系统等的更新。

传统风貌更新改造涉及结构加固与安全按照福州市古厝相关的结构导则执行，涉及活化利用的业态引导、疏散以及改造材料防火等级等消防相关的内容可参考《福州市古厝活化利用消防审查工作导则》执行。

1. 功能更新

传统风貌建筑功能的更新应依据《福州古厝活化利用业态正负面清单》以及相关保护规划等文件的要求，可参考《福州市历史建筑保护利用模式导则》（试行）执行。主要包括两个方面的内容：延续与置换。

功能延续：一种是当原有功能布局较为完整且内部结构保存较好的情况下可以保留原功能布局，仅对局部空间进行改善；另一种是原功能布局保留一般、内部结构保存一般或者破坏严重的情况下，可以在保持原有肌理的前提下，根据功能需求对其内部空间与环境进行现代化处理。

功能置换：在保持传统风貌建筑风貌协调、结构安全的前提下，在原有功能的基础上增加了社区服务、文化展示、文化消费、旅游服务、文创产业办公和综合建筑等，以更好地适应当代功能需求。

功能更新鼓励设置适当措施提高节能效能，降低传统风貌能耗，采取的措施应可逆，并具有可识别性。

2. 结构体系更新

因使用功能要求需提高结构承载力或为提高建筑物整体牢固性而需要进行结构加固设计的，应对其进行结构安全加固。

因功能变更需改善原不合理的结构体系或局部调整结构布置的，应在不改变原结构体系类型基础上进行优化设计，允许在不影响原结构体系完整性的前提下在内部空间新增独立的结构体系。

传统风貌建筑进行各种结构更新时，要谨慎使用各种更新方法，权衡利弊，坚持以延续传统风貌为原则，同时改善内部空间和生活设施，满足日常使用。

3. 立面更新

传统风貌建筑的立面更新，更注重对历史风貌的延续，从材质、色彩以及其他装饰元素上进行控制，应采用当地的建筑元素，尽可能选择当地的传统材质，以更好地表达建筑的地域文化。同时，应按照相关保护规划的要求，控制建筑的高度。

新加的外露装饰、分隔等，其用料和构造宜与原建筑有所区别，且与传统风貌相协调。

建筑附属物包括建筑表面的广告、招牌、照明等，不能破坏传统风貌建筑原本的外观形态。

4. 设备系统

可合理增设水、电、风等系统设施，提高空间舒适性。

设备提升应兼顾传统风貌本体现实条件及保护利用功能需要，合理选择、设置适宜的技术措施。设备选择应与传统风貌建筑风貌协调，避免体积过大或重量过重。避免震动较大的设备与木构直接连接。

管线走线应选择相对隐蔽和安全的位置，尽量沿木构件阴角敷设，并与装设部位色彩统一。电表箱及弱电总箱宜以院落为单位集中设置，设置位置应避开主要立面及对风貌影响较大的地方，色彩应与传统风貌相协调。

照明宜使用低压弱电供电和冷光源照明，选择重量轻、发热量小、高效节能的灯具，灯具与木构件本体应保持安全距离。泛光照明的增设应避免对建筑立面构成破坏。

防雷设计应与传统风貌修缮的设计同步，防雷设计方案应在确保防雷安全的前提下执行最少干预原则，应进行充分论证，并应采取可逆措施，保护传统风貌构件，不得破坏传统风貌的整体风貌。

第四章

福州古厝
保护修缮案例——古建筑

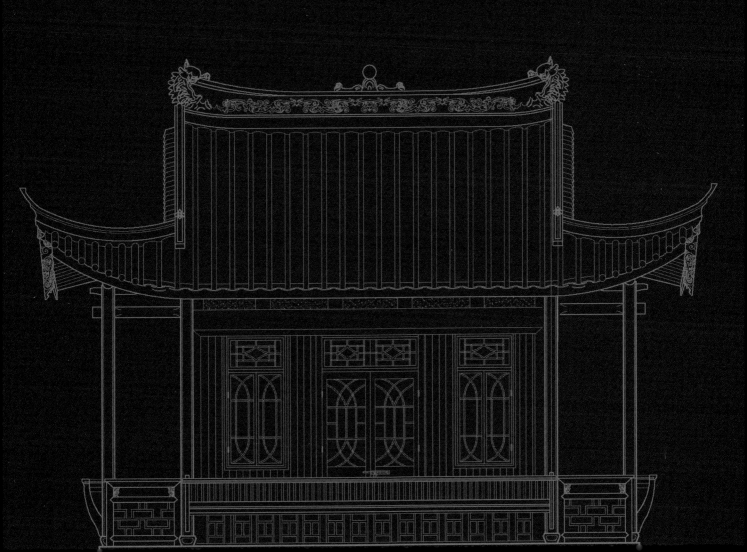

第一节　宅第民居

一、水榭戏台

衣锦坊水榭戏台位于福州三坊七巷2号、3号，为三坊七巷内一处较大的古民居和私家园林，其建筑类型和整体园林格局等方面具有一定的代表性和研究价值。

1. 历史沿革及现状综述

据调查，该古民居是清道光年间，曾任按察使的地方著名诗人孙谷庭的住宅。该住宅分为正落、中落、侧落，其中除正落基本按中轴线对称布局外，其余各落多属花厅、客厅、书房、戏台、鱼池、楼阁等园林式建筑，布局灵活自由。三落占地总面积为2746平方米，原有建筑总面积为1726平方米，现状遗存较为完整的古建筑有1248平方米，已经被改建的古建筑有578平方米左右。园林面积（包括水池、天井、假山）约为1300平方米，其中约600平方米有遗存保留，其余均已被改造。（图4-1-1、图4-1-2）

从现状看，由于年久失修，该木结构体系出现腐朽、虫害等残损现象，数处建筑被用作工厂车间，人为进行拆建、加建，由于缺乏保护，建筑现状残损较为严重，近三分之一的

图4-1-1　区域划分图

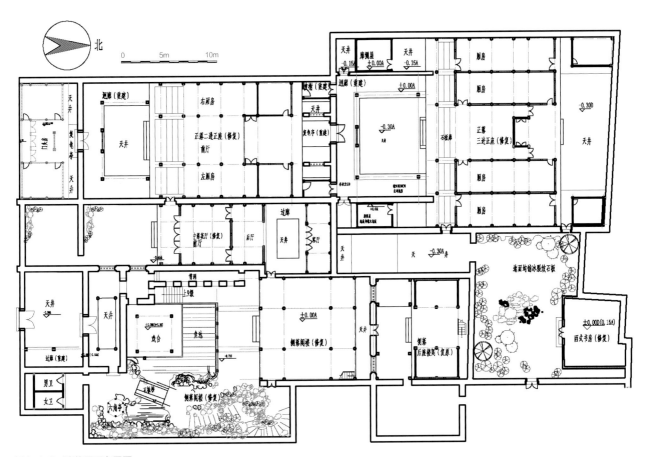

图4-1-2　院落平面布置图

原有建筑及其园林已无遗存保留。

2. 价值评定

1992年，福州市鼓楼区人民政府公布其为区级文物保护单位。2001年1月，福建省人民政府公布其为第五批省级文物保护单位。2006年又被评为国家级文物保护单位。

该古民居为三坊七巷内一处较大的私宅和私家园林，其建筑和园林布局中使用的结构和艺术手法等都很有特点，反映了当时匠人的精湛技艺，其建筑的使用功能也反映了清代高宦雅士的审美情趣和世界观。

作为三坊七巷重要的组成部分，水榭戏台是三坊七巷整体文化遗产价值的重要载体之一，它是三坊七巷古民居群体中具有典型代表性的私家住宅和私家园林。

3. 现状残损

1）正落

按现状保留的原有院墙划分为三进。具体情况如下表所示：

部位	现状情况
正落一进门头房	建筑占地81.25平方米，建筑面积约80平方米。原有木构架已不存，现状已被改为二层砖房。原有入二进的门墙、石门框、左右山墙及内部石地板部分依然保留
正落二进回廊	回廊与天井占地面积84平方米，回廊建筑面积42平方米。原有木构回廊已毁，现状被改为二层木构楼房，天井石及廊沿石部分保留
正落二进	占地面积182平方米，面阔三间，进深七间，为明代穿斗式与抬梁式相结合结构，明间采用减柱造，现状总完好率为70%
正落二进正座后左右披榭及复龟亭、天井	总占地面积42平方米，其中左右披榭共12平方米，复龟亭7.5平方米，余下面积为天井。右侧披榭已毁，天井竹窗加拱门隔墙还依然遗存，左侧披榭及竹窗加拱门隔墙均已改建为红砖房，明间后天井原复龟亭已毁，局部天井石依然遗存
正落三进回廊及梢间侧屋、天井	总占地面积180平方米，其中回廊65平方米，梢间侧屋共49平方米，其余面积为天井。原有的回廊及廊侧屋已全毁，现状连同原天井空间均被街道工厂改为二层的木构宿舍楼
三进正座	占地面积280平方米，木构宿舍楼占据了原三进正座檐柱以外的出檐部分，出檐部分的挑梁、挑檐桁、垂花柱、木雀替、椽板、望板、封檐板全部被锯掉。后檐柱以外的出檐部分也与前檐一样全部被锯掉。三进正座为面阔五间，进深六间七柱
正落三进后左右披榭	占地面积32平方米，屋顶、大木结构、墙体现状无遗存，被人为改建，台基及地面后期改铺为水泥地面
正落东侧后花园	总面积315平方米，为西式砖房石台基，青砖墙体较为完好地遗存；门窗洞尚在，门、窗扇均已缺失；直四坡屋面、三角形组合木屋架尚存，但破损十分严重。西式砖房前围墙所围合的庭院很大，约180平方米，现被街道工厂建为砖木结构厂房

2）中落

中落全长33米，宽7米，前部有五分之二的现状已被改造为砖混楼房，后部五分之三依然保留有花厅、天井、书房，现状保留比较完整，尤其是花厅的前厅部分保留比较完好，只是木地板被改为水泥地面，后花厅与书房披檐屋面与木地面破损严重。具体情况如下表所示：

部位	现状情况
花厅前庭院	面积约100平方米，均被改造为二层砖混办公楼
花厅	占地面积77平方米，该花厅为单开间面阔6.5米，进深六间七柱，共11平方米，为清代早期穿斗式单层木结构，分前后厅，其木结构前厅保存较为完好，后厅保存完好率差些
中落客厅	占地面积30平方米，该客厅为面阔三开间，进深一间，后厅与书房间有原石板天井，现状为天井被全部遮盖且原石板地面被改为木地板，东西两侧还保留原建的过廊披檐
花厅前庭院（包括曲尺廊、天井）	占地面积91平方米，曲尺廊建筑面积36平方米。现状已改建为砖办公楼

3）侧落

该院落按原有旧墙可分为三进。占地约881平方米，建筑面积为452平方米。侧落第一进全部改为二层钢筋混凝土楼房；第二进较完整的遗存有戏台、雪洞、局部假山、鱼池、石栏杆、阁楼；第三进左侧旧墙被拆后，改建为砖木混合结构的二层楼房，原回廊被改建为砖混结构二层楼廊。具体情况如下表所示：

部位	现状情况
前庭院	面积约100平方米，现状已被改建为二层钢筋混凝土楼房
侧落、戏台	面积约40平方米，总体保留尚好，檐口木垂花，弓形花格梁，木雀替，戏台顶棚木雕贴花十分精美，木栏杆已缺失
鱼池	面积约50平方米，基本保存，但由于后人在其东侧建三层钢筋混凝土楼层时，有近1米宽、7米长的池塘被填埋并改建为楼房的扩大基础，原有的石栏杆和假山均被毁（很可能被填入池底），戏台西侧的池沿原有的假山也被破坏殆尽。鱼池周围的石板天井尚存
雪洞	面积约30平方米，内空间高约1.9米。雪洞为厚500毫米的三合土夯筑而成，至今仍较完好保留
谯楼	面积约60平方米。现状无遗存，被人为改建
戏台东侧假山园林	面积约60平方米。现状已全毁。原地建起三层大楼
侧落一进戏台前阁楼	面积约140平方米，艺术木构件大部尚存，少部约20%残毁或缺失的必须仿制安装齐全；一层砖地面残损严重，铺石部分基本完好，瓦屋面残损严重
二进后座阁楼	占地面积约100平方米，建筑面积约150平方米。屋顶、大木结构、墙体等现状无遗存，人为改建严重

4. 保护修复措施

1）修复范围

三落总占地面积为2746平方米，建筑总占地面积为1726.5平方米，现状遗存的古建筑有1248.5平方米，其余已毁的拟复原的古建筑有578平方米。园林面积（包括水池、天井、假山）约为1300平方米，其中有700平方米必须修复，包括正落二进正座、三进正座、中落花厅、后廊、过廊、侧落戏台、前阁楼、西式房、鱼池及墙体、天井等；600平方米拟复原，其中包括正落一进门头房、正落二进回廊、正座二进隔墙披榭、正落三进回廊隔墙侧屋；中落前庭院；侧落一进过廊、化妆间；侧落三进的谯楼、六角亭、叠廊、假山、前客厅，西式砖房，东侧落的西式园林。

2）修复措施

对以上明清时期遗存建筑，修复原则上均采用不落架或小部落架的方式进行修缮。

（1）正落

按现状保留的原有院墙划分为三进（图4-1-3）。

一进门头房

参照福州三坊七巷宫巷沈宅门头房的做法，这与该宅建筑体量、保留的现状空间、主人身份以及调查中反映入口处原有六扇板门，与福州传统大户人家的门头房做法相符，其建筑形制按二进正座明代建筑形制设计（图4-1-4）。

二进回廊

按福州三坊七巷常规传统做法以及遗存的天井石和现场空间环境设计成明代形制回廊，由于门头房已设插屏门，所以该回廊入口处不设插屏门，二进入口石门框的厚板门已不存在，参照传统板门恢复。

二进正座

采取不落架或局部落架维修，补齐缺失的明代门窗，包括厅堂6扇板门（图4-1-5）。

后披榭、复龟亭

首先拆掉不合理的改建部分，修复已保留天井竹窗加拱门的隔墙，并在左侧对称仿建右侧的天井竹窗加拱门隔墙。披榭参照三坊七巷黄麒故居的同类型披榭的做法设计。复龟亭参照三坊七巷沈宅复龟亭的做法设计。（图4-1-6）

三进

前回廊福州五开间的古民居常常采用"明三暗五"的做法，从次间的柱外侧开始左、右各建一堵墙，将五开间隔离为三开间的回廊天井形式，同时在这两堵墙的外侧梢间位置组成另外两个庭院。（图4-1-7～图4-1-10）

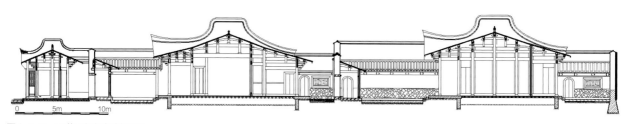

图4-1-3　正落明间梁架剖面图

图4-1-4　正落门头房

图4-1-5　正落二进主座

图4-1-6　覆龟亭与竹节窗

图4-1-7　三进回廊空间

图4-1-8　三进主座采用"明三暗五"的做法

图4-1-9　三进主座明间梁架

图4-1-10　三进后披榭空间

图4-1-11　正落东侧后花厅

正落东侧后花厅

保留西式砖房的外坯，拟参照福州高士其故居西式书楼风格进行修复和装修。（图4-1-11）

（2）中落

依据福州宦贵巷花厅是一个比较狭长的天井，内以假山、花木、半片亭、过廊等环绕成长方形天井方式布置，复原重建中落花厅前庭院，对现状残破的花厅与书房进行不落架维修。（图4-1-12）

（3）侧落

对现状保留的戏台、雪洞、前楼阁进行不落架维修。（图4-1-13~图4-1-18）

第一进院落因原状已毁，又无法考证，只能参照其他类似戏台建筑的布置与现场情况进行布置，设计考虑以下功能：

①衣锦坊水榭戏台除正落门头房入口外，在相隔约20米的侧落以石门框形式表现入口，将正落与侧落入口分开，入门后经天井过廊

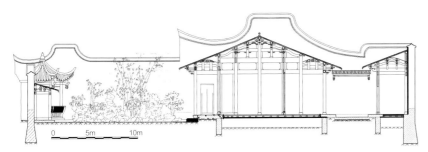
图4-1-12　中落明间剖面图

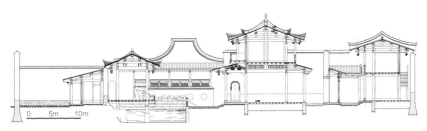
图4-1-13　侧落明间梁架剖面图

图4-1-14　水榭戏台阁楼与水榭戏台的空间关系

图4-1-15　水榭戏台

图4-1-16　六角亭

图4-1-17　侧落二、三进院墙

图4-1-18　侧落第二进院落

图4-1-19　水榭戏台整体鸟瞰图

进入。这是福州古民居入口的常用布置方式。

②从演戏功能考虑，原隔墙后就是戏台，隔墙现状还保留与戏台相通的六角形门洞，复原拟设计单层带廊与门厅的廊屋，可满足演戏人休息、化妆的活动空间。

③第二进院落除遗存建筑外，据调查原来在雪洞上还建有谯楼，另外以原状局部照片为线索，得知原状还有假山、六角亭、柱廊、石拱桥……以此作为设计的依据。

④第三进院落从现场遗存看，前院墙还保留石门框与左右制作十分精致的木骨灰型竹节窗，另外三面院墙除左侧被拆掉一段外，其余夯土墙、石台基依然遗存，复原设计根据台基位置、围墙高度以及该建筑在整个侧落中所处位置、保留风格等诸方面因素，设计为石台基前设回廊天井，台基上建两层木构穿斗式歇山顶楼阁式建筑，使整个侧落都带有娱乐性功能。

5. 结语

修复后的水榭戏台古建筑群，其整体布局、建筑、假山等大致如明、清旧况，保留了明、清两代和民国时期的建筑风格、规制。整座水榭戏台分为三落，正落采用前堂后寝布置，后生活区东侧有较大花园，后花园有西式书房，是生活学习的极好场所。中落是福州比较正统的花厅，前庭院及后书房环境幽雅。侧落是一处非常有特色的家居式娱乐场所，流畅的曲线山墙，极富地方特色的墙头泥塑及镂空漏花精雕门窗，不仅工艺精湛，而且构成丰富的图案花饰，花草虫鱼栩栩如生，匠艺精巧，集中体现了福州三坊七巷民居的特色。（图4-1-19）

二、芙蓉园

芙蓉园坐落于福州朱紫坊安泰河南岸，占地面积约3400平方米。整个建筑群分为东、西、中三个院落，其中大部分单体建筑坐北朝南，小部分单体建筑坐南朝北。（图4-1-20、图4-1-21）芙蓉园保留了明、清以及民国时期福州民居及园林建筑典型的形制及风格。虽然不同时期的建筑风格鲜明，但经过旧时匠人的巧妙处理，彼此协调，相得益彰，对于研究这几个时期福州古民居及园林建筑的形制、结构及工艺等具有宝贵的借鉴作用。

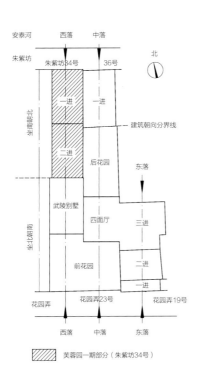

图4-1-20 芙蓉园各进建筑关系示意图

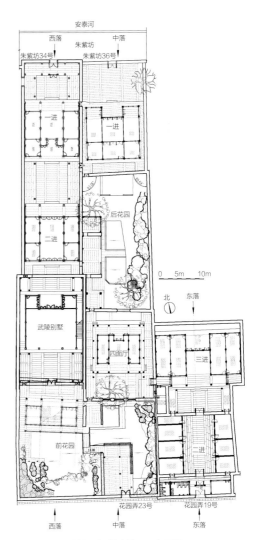

图4-1-21 芙蓉园各进建筑平面布置图

1. 历史沿革

芙蓉园位于福州市鼓楼区法海路花园弄19号，园后滨临朱紫坊河沿，三落建筑相连，各有坐南朝北向及坐北朝南向，占地面积约3400平方米，始建于宋代。原为宋代参政陈韡芙蓉别馆，后为明叶向高别墅，清为藩司龚易图所有，重加修建，辟"芙蓉别岛"，整个园林布局优美，极富有福州民居、园林特色。中华人民共和国成立后曾作为中国国民党革命委员会福建委员会的会址，"文革"中遭破坏。

芙蓉园在历史上曾是许多显赫一时的人物的居所。它最初的主人陈韡官至参知政事（相当于副宰相）。根据记载，宋朝陈韡最早在朱紫坊内发现这一幽僻所在，将之辟为别馆，遍植芙蓉，故名芙蓉别馆。

至明朝末年，主持朝政的内阁首辅、宰相叶向高的入住，让芙蓉园迎来再一次的辉煌。据介绍，从万历四十二年（1614年）九月叶向高告老还乡，到1621年熹宗皇帝的天启元年十二月他再次出任首辅，7年间他都是在芙蓉园度过的，曾几番营造芙蓉园。

而让芙蓉园成为福州四大园林的，是清朝的湖南布政使龚易图。龚易图儿时家道中落，祖业被典押。而后他发奋图强，终有所成就，赎回祖业，并立志在福州营造东、西、南、北四大园林。当年，他在今西湖宾馆所在地造三山旧馆，集园林、居家、宗祠、藏书楼为一园，称北庄，在清末以水岸荔枝为特色甲于榕城；而后又在乌山西南（现在气象局内）修双骖园，以山石嶙峋、荔枝繁茂而扬名，称西庄；而他在东南方所建两园就是芙蓉园中的武陵别墅和芙蓉别岛。在龚易图的大手笔兴建下，芙蓉园成为清末福州园林的一大亮点。

芙蓉园从宋代至今，其基本结构依然保存完好，整个园林充分利用了空间，即使在十分狭小的地方，也很别致地盖起了亭、阁等建筑，园内各种建筑都十分齐全，却不会显得拥挤，这是福州园林的一个特点。而整个园林回廊曲折，彼此相通，每走一步，就会有新的景致映入眼帘，"移步换景"的特点让芙蓉园别具特色。

"芙蓉园"内原有两座假山、三口鱼池，以及花亭雪洞、楼台水榭、曲桥回廊等，结构精巧。西花厅后座假山布置尤为出色，池上一峰耸立，镌有"芙蓉临空""鹭臂吟风""霞洞""桂枝""玉笋"等石刻，另有达摩面壁、龟、蛇等山石。园内有一棵据说是叶向高亲自植的古荔，枝繁叶茂，距今已有三百多年了，似乎还在见证着世事的沧桑；假山旁的两层小阁楼，古香古色、小巧玲珑。亲近期间，前贤的教诲似乎可触可摸；而那口清澈见底的南瓜形古井，依旧荡漾的是历史不变的心境。

水是建筑的"眼睛"，芙蓉园原有三口水池，与安泰河的流水潮汐相通，假山园林便是围绕这三口水池修建起来的。整个园林楼阁依水，水榭临池，花亭、月窗、小桥、霞洞等堪称将中国园林的艺术发挥到极致。然而，这三口水池其中一个在20个世纪就被填平了。

至20世纪50年代，芙蓉园内尚存两座假山、两口鱼池，花亭雪洞、楼台水榭、曲桥回

图4-1-22　保存的花亭雪洞

图4-1-23　鱼池

廊，皆结构精致。芙蓉园历经沧桑，如今园内假山奇石多已拆运，安置于西湖公园等处。

2. 价值评估

芙蓉园建于宋，兴于明清，历史悠久，园内曾经住过很多名人，如宋代陈辈、明代傅汝舟、明代谢汝韶、明首辅叶向高、清代龚易图、民国将领陈兆锵等，具有深刻的历史和人文价值。

整体建筑坐北朝南，穿斗式木构架，双坡硬山顶，鞍式山墙，建筑细部雕刻精美，图案考究，富有福州传统的民居特色，对于研究明清时期福州古民居的建筑形制与风格，传承福州传统的建筑手法及工艺，具有重要的建筑价值。

芙蓉园内有木兰、荔枝、桑葚树等古树名木，有两座假山、三口鱼池，以及花亭雪洞、楼台水榭、曲桥回廊等，拥有福州现存水面最大的庭院花园，设计巧妙、布局优美，具有"移步换景"的特点，堪称福州园林建筑的典范，具有重要的艺术和园林景观价值。（图4-1-22、图4-1-23）

"芙蓉园"于1991年被福州市人民政府列为"名人故居"，1992年被鼓楼区人民政府列为区级文物保护单位，1992年被福州市人民政府列为市级文物保护单位。

2006年6月，朱紫坊这片历史文化街区被整体公布为全国重点文物保护单位，其中芙蓉园被列入"国保"之一。

3. 建筑形制

1）西落

西落建筑包括北端两进院落和南端的武陵别墅。

（1）北端两进院落

北端，滨临朱紫坊河沿，坐南朝北，占地约630平方米。整座建筑由两进院落构成，一进建筑始建于明代，二进建筑始建于清初，带有明代风格。因后期改、扩建，部分建筑被破坏。（图4-1-24～图4-1-27）

一进院落由主座、门头房、前天井回廊及天井组成。

主座面阔三开间，通面阔11.96米，进深七柱，通进深11.46米，梁架为明代穿斗式结构，屋面为双坡硬山。后期搭盖严重，"凸"字形厅屏缺失，90%的纵向隔架保存基本完好，60%的横向缝架保存基本完好，其余横向缝架全部缺失，改建为砖墙。

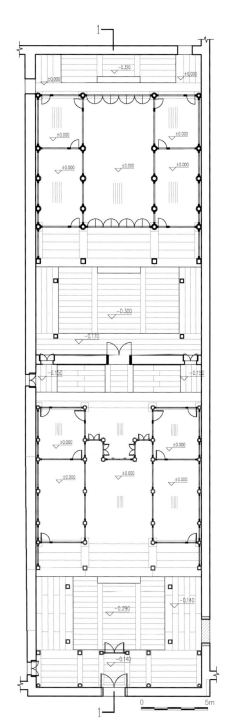

图4-1-24　西落北端院落平面图

图4-1-25　西落北端院落1-1剖面图

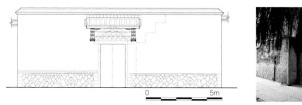

图4-1-26　西落北端院落正立面图　　　　图4-1-27　正立面现状图

　　门头房原有梁架保存基本完好，东次间被改建为厨房，西次间被改建为厕所。西侧保留一回廊，为穿斗式结构；东侧回廊缺失。北侧外墙墙面及墙头帽贴瓷砖装饰。（图4-1-26、图4-1-27）

二进院落部分

　　二进院落由主座、前天井东西披榭、后天井东西披榭及前后天井组成。

　　主座面阔三开间，通面阔11.9米，进深六柱，通进深11.83米，梁架为清代穿斗式结构，带有明代建筑的遗风，屋面为双坡硬山。整体梁架保存基本完好。

　　前天井东西两侧披榭均全部缺失，东侧改建为厨房和车棚，西侧改建为二层砖楼。

　　后天井东西两侧披榭均全部缺失，但在主座后檐枋木上保留有承托后披榭檩条的木构件。

　　（2）武陵别墅

　　朱紫坊芙蓉园保护修缮工程——武陵别墅，位于整个芙蓉园片区中东部，花园弄23号，双层硬山楼阁，占地约362平方米。建筑坐北朝南，主座阁楼面阔三开间带两侧边弄，通面阔为11.26米，进深五柱，通进深也为11.26米，主座前后出双层单坡披榭。主座阁楼一层明间为抬梁梁架，其余梁架均为穿斗式。（图4-1-28～图4-1-32）

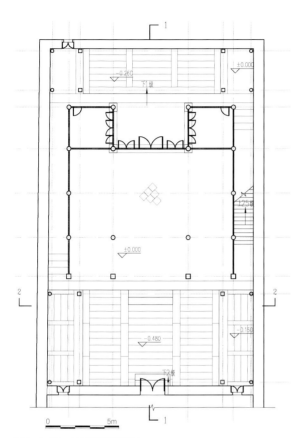

图4-1-28　武陵别墅平面图

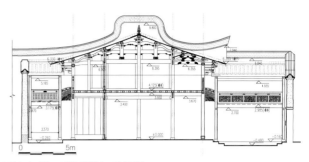

图4-1-29　武陵别墅1-1剖面图

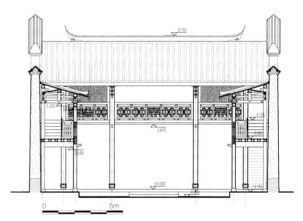

图4-1-30　武陵别墅2-2剖面图

图4-1-31　武陵别墅主座阁楼

图4-1-32　双层披榭

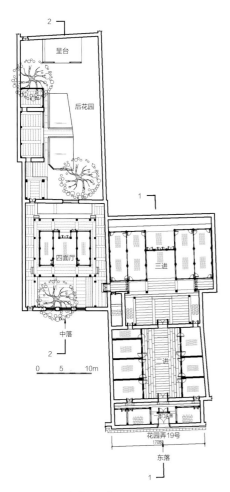

图4-1-33 中落与东落平面图

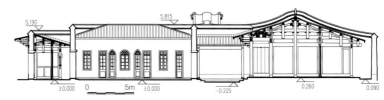

图4-1-34 东落1-1剖面图

图4-1-35 中落2-2剖面图

2）中落

（1）中落第一进

该建筑北面是朱紫坊临河的花园弄，其平面坐南朝北东西宽13.9米，南北长24.63米。形制对称的单进式院落，其具体建筑依次为：沿河门墙、前天井、主座、后天井。（图4-1-33～图4-1-35）

现状留下来的主座木构架比较完整，其面阔三开间，通面阔11.585米，进深四柱，通进深11.040米，东西两侧次间与山墙之间有边弄可以贯通前后天井。梁架为清末民国初期穿斗式与抬梁式相结合的构架，屋面为双坡硬山。从现状明显可以看出明间为前后厅使用，次间为厢房。

（2）中落后花园

该进建筑为本建筑中的经典之作、西南角有一个精美的依墙而建的三层仙爷楼，仙爷楼开间进深均为3.110米，二重檐歇山顶板瓦合瓦屋面，均为清式结构，仙爷楼整体给人感觉轻盈、登上仙爷楼三层除了可以观赏整个假山的千岩竞秀，还可以观赏到本院落所有的屋面，屋面层层叠叠，古香古色，美不胜收。东侧园林假山仍保存原有基假山基座及雪洞的遗存。

披屋北侧有民国时期加建的三角屋架单坡房屋，面阔三间，通面阔8.030米，进深一间，通进深4.090米。前檐采用八米多的通长扛梁来承重，是民国时期典型的木结构承重形式，梁下明间设有隔扇，次间设槛窗，槛窗下部是石栏杆形式，大气优美。

民国时期的房屋北侧种二级保护古树，树大根深，枝繁叶茂。本院落整个东侧设有假山，根据旧照片精美绝伦，假山南侧种有一棵参天大榕树，与西北角的古树相互呼应。

建筑及假山的中间是水池，水池深2米，水深1.2米，水池中间设有石桥，有小园林中小桥流水的意境。假山、水池、古树、亭子相结合形成了一幅精美的画卷。

后花园东临砖混三层楼，西临芙蓉园一期二进，南临中落四面厅，北临芙蓉园二期二进。

后花园整体的园林假山、小桥流水、登阁观景，可以说是福州传统古民居小园林体系中的活化石。

（3）中落四面厅

东西侧为单坡过廊，南临门23号前花园，隔墙中有三面漏窗，工艺精美。西廊南侧，有一门洞通往23号前花园，过廊为东西对称，均为一开间，通面阔4.355米，东侧因墙体为斜墙原因进深呈梯形，大头进深2.26米，小头进深2.14米。东西过廊中间为天井，天井现存有二级保护古树，树大根深，枝繁叶茂。

正座始建于清代，后期屡有修葺，坐北朝南，面阔五间、通面阔11.040米，进深六间，通进深9.875米。建筑为四坡单檐歇山顶，板瓦合瓦屋面，明间、次间均为穿斗式屋架，梢间为环廊。明间、次间六柱十五檩，整座外檐各挑一檩，其做法为民居小式做法，檐下有斗栱雀替。东西次间梢前后檐槛窗户为民国槛窗，线角工艺精美大方，明间插栱、一斗三升、插屏、横披及距花样式明显为清代装饰构件，与民国时期的槛窗二者处理得当，协调统一。正座北侧为借景墙，墙中开直径2.780米的圆窗。中落四面厅东临东落第三进、西临芙蓉园23号二进、南临芙蓉园23号一进假山园林、北临中落后花园。（图4-1-36～图4-1-39）

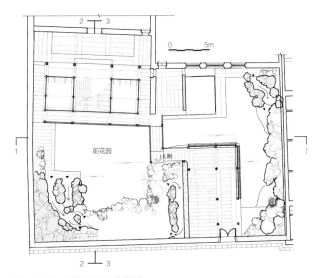

图4-1-36　前花园平面布置图

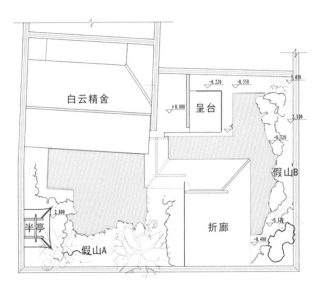

图4-1-37　前花园屋顶平面图

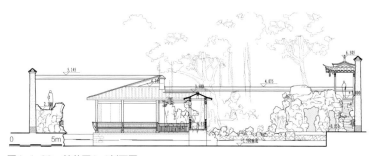

图4-1-38　前花园1-1剖面图

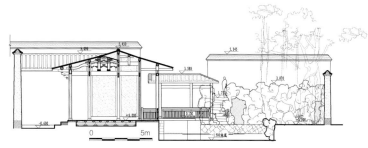

图4-1-39　前花园2-2剖面图

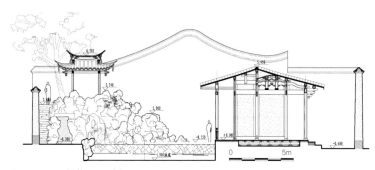

图4-1-40　前花园3-3剖面图

图4-1-41　半亭

图4-1-42　鱼池与折廊

（4）前花园

前花园位于花园弄23号，属园林式建筑，占地约754平方米。建筑环水而建，成为古时清末福州园林的一大亮点。芙蓉园内原有白云精舍、小泊台、武陵别墅、仙人旧馆、岁寒亭、弓亭、仙爷楼、月宫等建筑，有玉兰、薄姜木、荔枝、桑葚树等古树名木。（图4-1-40～图4-1-42）

20世纪50年代芙蓉园成为省、市民革的办公地点，"文革"后芙蓉园园林遭受了两次致命的冲击。第一次是1969年，五一广场扩建，体育场周边的居民迁入芙蓉园，藏书楼、白云精舍、小泊台、仙爷楼、岁寒亭、假山洞或被毁或改建。第二次是20世纪70年代后期，为了修复西湖公园，芙蓉园的假山被撬起运往西湖，"达摩面壁"石无法从大门搬出，有人在假山之南拆除临街围墙，破墙抬出巨石，结果这块全园最精美的太湖石至今下落不明。

3）东落

（1）东落第一进

花园弄19号入口的门为八字石门框，门头房，坐北朝南，始建于清代，用材轻巧，后代屡有修葺，面阔四间，通面阔15.8米，进深一间，通进深3.935米，明间设厅屏门，平时由屏门两侧通道通过第二道门墙，进入第二进。建筑为单坡单檐硬山顶，屋架为清代穿斗式结构，板瓦合瓦屋面。从整体到细部均富有典型福州地区清代时期建筑特点。门头房东临花园弄17号、西临芙蓉园23号园林假山、南临花园弄、北临本期东落第二进。

（2）东落第二进

东西两侧民国建筑对峙，中间形成了南北贯通的通道，通道宽5.09米，密铺条板石。民国门窗保留尤其精美、隔墙为双面灰板壁，东西两侧民国建筑面阔三间，通面阔12.4米，东侧进深一间，呈梯形布局，南侧大边进深4.4米、北侧小边进深3.695米，西侧进深一间，通进深5.55米。檐口为原装吊顶，屋面为民国时期四坡顶。从整体到细部均富有典型福州地区民国时期建筑特点。第二进东临花园弄17号、西临中落前花园、南临第一进、北临东落第三进。

（3）东落第三进

前天井东西两侧为单坡过廊，过廊南侧两边各有一门洞通往二进民国建筑，过廊东西对称，均为一开间，通面阔4.735米，通进深1.780米。南为门墙，中间门洞通往二进民国建筑，门洞宽1.760米、高2.755米。东西两侧山墙墙帽处塑有卷书灰塑，工艺精美。

正座始建于清代，后期屡有修葺。坐北朝南，面阔为"明三暗五"格局，面阔共五间，通面阔18.685米，进深四间，通进深10.805米。建筑为双坡单檐硬山顶，板瓦合瓦屋面，明、次、梢间均为穿斗式屋架，五柱十三檩，前后檐各挑一檩。其做法为民居小式做法，檐下有斗栱雀替。东西次间梢间的槛窗均为民国门窗，线角工艺精美大方，应该为民国时期加装的槛窗。明间插栱及距花样式明显为清代装饰构件与民国时期的槛窗二者处理得当，协调统一。从整体到细部均富有典型福州地区清代时期建筑特点。第三进东临近代砖混二层楼，西临本期中落前花园，南临本期东落第二进，北临法院近代建筑三层楼。

4. 安全评定

根据中华人民共和国国家标准《古建筑木结构维护与加固技术标准》（GB/T 50165—2020）第四章第一节结构可靠性鉴定第4.1.1条至第4.1.4条相关规定，鉴定朱紫坊芙蓉园各建筑安全评定：

1）西落

西落北端两进院落芙蓉园西落有两进坐南朝北的院落，一进建筑始建于明代，二进建筑始建于清初，带有明代风格。因后期改、扩建，部分建筑被破坏。一进、二进两主座之间的原建筑全部缺失，东侧改建为厨房和车棚，西侧改建为二层砖楼，地面均被改为水泥砂地面。

武陵别墅前披榭梁架在历次改建中梁架已无存，中华人民共和国成立后在披榭及天井处搭建三角梁架四坡屋面作为车间仓库使用。随后厂房废弃，在天井处搭建了大大小小的砖木房间作为生活起居使用。阁楼部分保存较为完整，木柱、梁架、檩条糟朽较少，梁架稳定。后披榭虽梁架保存较好，但改建搭建较为严重，西侧披榭由于木柱卯口腐朽导致梁架不均匀下沉。两侧前檐后期向外搭建楼板并砖砌隔断改建为厨房使用。

此院落属于Ⅳ类建筑。

2）中落

中落第一进主座不至于马上就有倒塌的危险，但对结构安全已构成重大影响，属于Ⅱ类建筑。

中落后花园为园林假山建筑，仙爷楼整个木梁架倾斜严重，已对结构安全构成重大隐患，属于Ⅲ类建筑。

中落四面厅整体木构保留较为完整，木柱、梁架、檩条糟朽较少，不至于马上倒塌。墙体、屋面、门窗改建严重，墙帽渗、屋面漏雨频繁，属于Ⅱ类建筑。

中落前花园，白云精舍和半亭大木构架稳定，搭建较少属于Ⅱ类建筑。折廊由于搭建严重，上部屋檩大小参差不齐，属于Ⅲ类建筑。

3）东落

东落共三进，后期搭盖严重，局部后搭盖楼楞、檩条、地板糟朽严重已构成危房随时有可能坍塌，已对结构安全构成重大隐患，属于Ⅲ类建筑。

5. 修缮设计要点

依据《中华人民共和国文物保护法》"对不可移动文物进行修缮保养迁移必须遵守不改变文物原状的原则"，结合《古建筑木结构维护与加固技术标准》对古建筑进行修缮时应保存以下内容：保持原来的形制、建筑结构、建筑材料以及工艺技术等。

设计应考虑建筑的地域特征，充分体现建筑外观、建筑艺术和建筑装饰的地方手法特色。对于需修缮的内容应经过周密详细的调查，掌握充分的依据后而实施。

1）原有格局的恢复

以西落建筑为例，一进、二进两主座之间的原建筑全部缺失，在勘察过程中因无法获得更多的历史信息，在修缮设计时，暂先参照一进前天井保留的回廊样式修复两进主座之间东西两侧披榭。在施工过程中，对地面上可能存在历史遗迹的地方进行开挖，发现了一进、二进之间残存的部分墙基以及二进前天井西侧披榭保留的部分廊沿石，在确定没有更多的相关信息后，设计人员对新发现的遗迹进行了补充勘测，并对测量数据进行了认真、详细的分析研究，最终较为科学、准确地调整了建筑的平面布局。同时，参照本建筑形制及福州明、清时期古民居的传统做法，重新恢复一进后天井东西两侧披榭及二进前天井回廊。虽然残留的历史信息十分有限，也应尽力做到相对接近真实的还原。（图4-1-43～图4-1-45）

2）文物本体与环境的关系

芙蓉园中落第一进坐南朝北，主座前天井现有一株较粗大的榕树，树以网状形式攀附在夯土墙上，其树根占墙面宽约3.5米，高约2.8米，树身以垂直墙面向西40°生长，由于夯

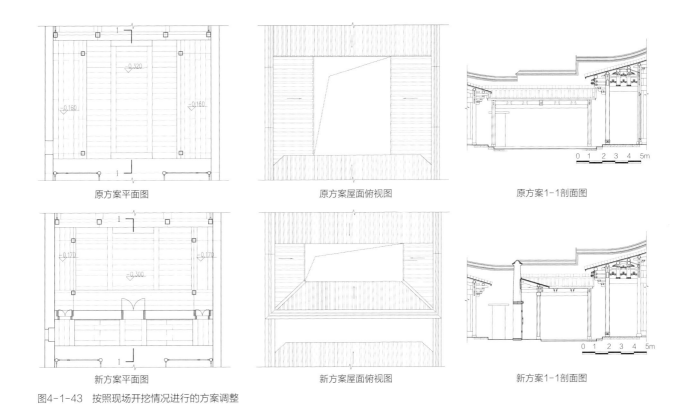

原方案平面图   原方案屋面俯视图   原方案1-1剖面图

新方案平面图   新方案屋面俯视图   新方案1-1剖面图

图4-1-43 按照现场开挖情况进行的方案调整

图4-1-44 一进与二进主座之间的披榭勘测现状

图4-1-45 地面开挖现场

图4-1-46 中落一进前天井与树的关系（修缮前后对比）

土墙养分丰富，榕树生长相当茂盛。榕树根部的生长影响天东侧墙体向西倾余、下碱被树根包裹墙面及下碱无法修缮，天井条石铺地残损约25%，雨天排水不畅。依现状观察榕树其根部生长迅速，根部与墙体已达到平衡状态。（图4-1-46）

根据《文物保护工程法规》第三条，"按照国际、国内公认的准则，保护文物本体及与之相关的历史、人文和自然环境"的规定，并考虑到古榕树与古建筑地基之间经过数十年的牵制、渗透，已经达到一个相对稳定的平衡，如果单方面移植大树，很可能破坏这种平衡，加剧对古建筑地基的扰动，造成不可挽回的损伤，且大树难以移出该院落，操作不当则可能既伤及古树又伤及古建筑。

鉴于以上几点考虑，在门头房设计时既要保住榕树，又要保证门头房的正常使用，故制定了如下修缮方案：

（1）为了保证门头房边弄能正常通行，又能保护古榕树树根不受影响，故意把门头房东侧缝架倾斜设计。

（2）在屋面靠东侧墙体处做"L"形天沟处理，让"L"形天沟边缘与树干保持2~3厘米距离，使得古树既有可生长空间，又不会碰到天沟。

第二节　坛庙祠堂

一、补山精舍

1. 建筑概况

补山精舍位于福州市于山戚公祠范围内，白塔寺东侧，平远台西北侧。《于山志》中记载：建筑始建于北宋，原为白塔寺寺僧接待达官贵人之场所。现存为清道光午间（1821-

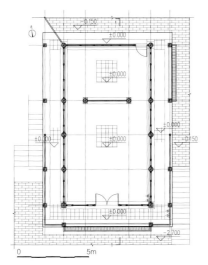

图4-2-1 平面图

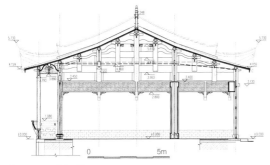

图4-2-2 剖面图

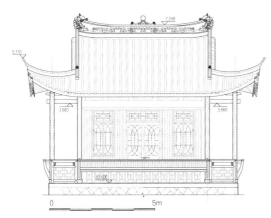

图4-2-3 南立面图

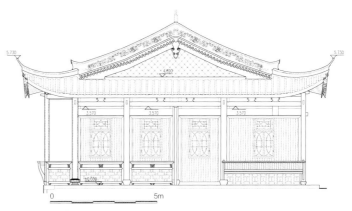

图4-2-4 东立面图

1850年）重建于榕寿岩上，面阔三间，进深五柱，穿斗式构件，单檐歇山顶，泥灰塑龙首脊，四周依地势高下建围墙。围墙内有宋代"平远台"等摩崖题刻，东傍补山，岩石突兀；西有巨榕生自隙，绿荫覆舍，依山筑垣，将古建筑艺术与书法艺术、树根艺术融为一体。1982年辟为明代古尸展览室，展出明户部尚书马森第二夫人陈氏的尸身。现在古尸已转移到福州市博物馆，现状补山精舍后期内部重新装修作为"福建事变"展厅，补山精舍于1991年被福建省人民政府公布为第三批省级文物保护单位。

2. 建筑形制与价值评估

1）建筑形制

补山精舍坐北朝南，始建于北宋，现存为清道光年间（1821～1850年）重建，历经多次维修至今。建筑面阔三间，进深五柱，穿斗式构件，单檐歇山顶，泥灰塑龙首脊，三面回廊，回廊外侧除出入口外采用栏杆或美人靠分隔内外，采用福州地方建筑传统手法建造而成，台基为毛石砌筑，梁架等木构均用杉木制作。总面阔约8.9米，总进深约13米。（图4-2-1～图4-2-6）

2）价值评估

补山精舍是于山历史风貌区内的重要建筑，为福建省级文物保护单位，对研究于山的历史文化具有重要意义。

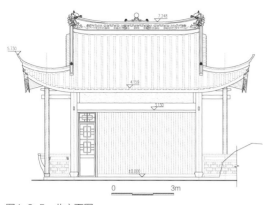

图4-2-5 北立面图

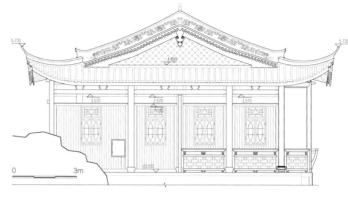

图4-2-6 西立面图

（1）历史价值

始建于北宋，现存为清道光年间重建。1933年6月，国民党十九陆军将领陈铭枢、蒋光鼐、蔡廷锴等在此召开秘密会议，于11月20日发动事变，在福州成立"中华共和国人民革命政府"，史称"福建事变"。补山精舍不仅包含了历史文化内涵，更体现了抗倭救国、激昂抗日的精神，见证了"福建事变"的发生，体现了福州在中国近代史中的地位，具有重要的历史价值。

（2）艺术价值

补山精舍建筑比例和谐，装饰典雅，整体采用福州地方建筑传统手法建造而成，台基为毛石砌筑，梁架等木构均用杉木制作，融装饰与结构于一体，与周边的绿植相映成趣，重点于歇山建筑，屋脊采用龙首脊，脊堵灰塑彩绘，建筑布局三面回廊，建于高台，视野较好，具有较高的艺术欣赏价值。

（3）科学价值

建于清道光年间，后期多次维修，采用福州传统穿斗式结构建造，歇山屋面，山墙面位于第二排柱子上，基本不收山，前檐采用轩廊做法，具有一定的建筑科学价值。

（4）社会价值

补山精舍作为"福建事变"的见证者，成为近代中华民族抵抗外族侵略的象征，现状展示当年抵御外敌的开会场景，并展示相关的事件信息，与所包含的象征内涵相符，建筑本体与展览内容统一，能够增强民族的凝聚力，激发民族抵御外族侵略的自信心，具有深刻的社会价值。

3. 残损状况

补山精舍现状作为"福建事变"展厅，保存状况相对较好，没有坍塌和危及结构安全的糟朽等，由于使用功能的需要，后期进行重新装修，由于地处于山风景区，位于高大树木下，屋顶树叶垃圾较多，排水不畅，局部漏水，导致屋面局部椽板望板檩条糟朽残损，其至局部吊顶残损脱落，屋脊灰塑局部破损、彩绘脱落较多，屋身隔断、门窗、美人靠及栏杆油漆起甲脱落较多。隔断、门窗及栏杆局部构件残损缺失等。（图4-2-7、图4-2-8）

部位	残损情况
楼地面	展厅及回廊斗底砖地板保存较好，条石廊沿石及槛垫石保存较好
屋面	基本完好，局部漏雨，瓦件、椽望板均有不同程度的残损，椽板残损约80%，望板约95%，瓦件残损约30%
墙体	隔断为后期改建的木龙骨双面木质板壁墙体，面层木板规格约100厘米×20厘米，长度1~3.3米不等，局部残损约30%，油漆起甲脱落严重。灰板壁局部残损约30%，局部污渍斑斑约30%
梁架	现状的梁架总体保持较好，面层油漆起甲脱落严重，檩条目测残损30%，梁枋保存较好，木柱柱脚局部残损约30%
装饰装修	门窗、美人靠及栏杆局部构件残损缺失，面层油漆起甲脱落严重

屋脊灰塑彩绘残损较多，落叶堆积较多

垂脊彩绘残损严重，歇山面采用涂料加画线

翘脊7垄采用筒瓦，其余用板瓦

东侧面基本保存较好，局部油漆起甲脱落

正立面总体保存较好

角梁做法简易，结构总体保存较好

前檐轩廊保存较好

角梁做法简易

东侧廊架保存较好

东侧外廊保存较好，局部油漆起甲脱落

歇山处局部灰板壁变形

东北角屋架保存较好，角梁做法简易

北立面后期加建铁门及党建宣传信息

西北角梁架保存较好，消防管线穿越隔断

局部栏杆杆件缺失，油漆起甲脱落较多

图4-2-7　现状残损分析（一）

木质板壁局部残损较多　　消防栓及管线固　西侧面基本　　　西侧面基本保存较好　　梁架基本保存较好，局部艺术构件缺失
　　　　　　　　　　　　定在西侧面　　保存较好

檩条局部残损较多　　　　　檩条局部残损较多　　　吊顶凸起变形，局部残损　室内布展装修　　室内布展装修
　　　　　　　　　　　　　　　　　　　　　　　　　　　　　　　　　　　保存较好　　　保存较好

室内布展装修　　地面铺装　　栏杆基本保存完好，　局部油漆　　　　柱础细部　　　　　　　　柱础局部脏污
保存较好　　　　保存较好　　油漆起甲脱落　　起甲脱落

图4-2-8　现状残损分析（二）

4. 勘察结论

补山精舍是于山风景区的重要建筑，具有较高的保留价值。建筑整体格局未受到破坏，整体形制保存完好，局部因功能使用进行装修。建筑受损的主要原因是年久失修，落叶堆积，导致排水不畅，局部漏雨引起糟朽加剧。

根据中华人民共和国国家标准《古建筑木结构维护与加固技术标准》（GB/T 50165—2020）第四章第一节结构可靠性鉴定相关规定，鉴定补山精舍为Ⅱ类建筑。

5. 修缮措施

清理现场，按勘测图纸将后期添加、改建、扩建的建筑物、墙体、隔断、吊顶及其他附属部分逐项拆除，保留原有木构架。

1）地面

清理地面杂物，以清水和尼龙刷洗刷地面污渍和青苔，调整归位局部下沉条石。

室内地面：现在保存较好，按现状保存。

2）大木构架

（1）木柱

材质为杉木。按现状保存，修缮局部残损柱脚及柱身约30%，并重新油漆。若施工过程出现勘测未查明的残损情况，可请设计人员及相关部门到现场确认后另定保护措施及方案。柱础大部分保留较好，按现状保存，以清水和尼龙刷清洗局部污渍。

（2）梁枋

材质为杉木。按现状保存，并重新油漆。若施工过程出现勘测未查明的残损情况可请设计人员及相关部门到现场确认后另制定保护措施及方案。

（3）桁条

材质为杉木。保留的桁条约有10%残损严重，应按原材料、原规格更换；修补可继续使用但局部残损的桁条30%。除山面挑檐外，其余桁条均为通长。若施工过程出现勘测未查明的残损情况，可请设计人员及相关部门到现场确认后另定保护措施及方案。

3）细部装修

梁架细部装修尚为精美，按设计图纸补配丁头栱约12副，修缮门窗、美人靠及栏杆局部残损及缺失杆件约30%，补配歇山面两侧排山及悬鱼，对四角角鱼需重新彩绘，具体数量详见相关设计图纸。

4）椽板、望板、封檐板

椽板与望板垂直铺设，椽板规格为110厘米×40厘米，中心距约170厘米，望板厚度均为15毫米。按原规格补齐残损、缺失的椽板，椽板修缮约80%，望板约95%，瓦件补配约30%。

5）屋脊及其瓦件

修缮屋脊灰塑20%，彩绘约90%，按原规格补配缺失或残损的板瓦，揭瓦时应进一步对瓦件规格以及各砌筑材料作详细勘查记录，尽可能保留好瓦件等构件。拆卸过程中应尽量小心使瓦件不受损。瓦件应根据其完好程度区分对待。板瓦的缺角不超过瓦宽的六分之一（以瓦后不露缺角为准），后尾残长在瓦长的十分之九以上的，列为可用瓦件。碎裂的瓦件须更换。屋面铺装应平整顺直，瓦线一致，面瓦—底瓦搭六留四，搭头搭接应紧密，乌烟灰扛槽扎口。

6）墙体及其灰板壁

山墙面重新铺斗底砖贴面，做法详设计图纸；隔断为后期改建的木龙骨双面木质板壁墙体，面层木板规格约100厘米×20厘米，长度1~3.3米不等，局部修缮约30%，按原色样全部进行油漆；灰板壁局部修缮约30%，清洗污渍约30%。灰板壁重做部分，应按福州传统做法重新编制，木骨，芦苇秆，若用竹片应做防腐处理后做编壁，然后用15毫米厚草泥灰打底并找平，5毫米厚麻筋灰面层抹光。

6. 结语

依据文物建筑修缮设计原则和指导思想，结合现场勘察情况，以价值评估为基础，经详细鉴别论证，确定补山精舍予以去除部分、必须保存现状及可以恢复原状的对象，以区别处理。

1）去除后代修缮、改建、重建后留存的无保留价值或相对价值较小的部分。

补山精舍除室内外，后期改动较少，主要是为满足展厅功能需要而做了装修，为了继续延续展厅使用功能及费用限制，本次维修不对装修部分进行改动，继续保留现状装修，并进行局部修缮。外观木龙骨双面木质板壁也按现状保存，主要是北侧增加铁门与现状不协调，予以去除。

2）保存后代修缮、改建、重建后留存的有价值的部分。

补山精舍现为展厅，室内展陈经过多次改造，已非始建之原状，但现状满足补山精舍作为展览功能的需求，可以更好地体现补山精舍的社会价值，具有一定的意义，应予以保留。

二、闽王祠

福州闽王祠位于福州市鼓楼区庆城路福州第十九中学旁，该祠坐北朝南。原为五代十国时期的闽王王审知故居。

闽王王审知（公元862～公元925年）治闽二十九年，因大力促进经济文化发展，颇有政绩，后人誉称"开闽王"。后晋开运三年（公元946年），其故居改立祠庙，奉旨祀典。北宋至清，五度重修。

1. 历史概况

闽王王审知在福建各地家喻户晓。唐光启年间，王潮、王审知兄弟随王绪率河南光州固始军民避战乱，辗转粤北、赣州等地，最后入闽。王绪因故为军吏幽囚而自尽，众人遂推举王潮为主，在平定闽南后，唐王朝乃封潮为泉州刺史。景福元年（公元892年）王潮以彦复、审知领军，兵临福州，历经一年争战，终于取得福州，而闽中各州郡及"群盗"二十余辈皆降溃，于是王潮尽有闽中五州之地，乾宁年间，唐主李晔任命王潮为福建观察使，奠定了闽国的基础。

王潮约军于闽海，实行保境息民的政策，闽中遂基本安定，至潮临终，乃遗命以审知为继承人，唐末政府遂以王审知为武威军节度使，福建观察使，琅琊郡王，后梁初又封为闽王。

王审知在为官职二十九年，推行保境息民的政策，轻徭薄赋，奖励工商，任用贤才，兴学干政；鼓励垦荒，三年之内，人民衣食无虞；召集流亡，中原避乱人士，相从入闽，拓垦山林，兴修水利，一时闽中大治。除了发展闽海经济，王审知还审时度势，向梁唐称臣纳贡，确保家邦安宁。同时，他又大力发展海运事业，一时"闽越之境，江海通津……"并且远航至辽东新罗、东南亚等地，主要港口则有泉州、福州等地。

　　在王氏治闽期间，福建又新设了六县三镇二州，加强了管理，这是与闽中社会经济发展的趋势相适应的措施。天复年间（公元901～公元904年），审知又于福州拓城，建有大城、南月城、北月城，一时金汤琼池，楼宇林立，府城兴旺。

　　王审知自随军入闽及主理闽海事务以来，政绩卓著，邦安民颐，经济、文化等都有了较大的发展，不愧是一位有作为的"闽王"，世人多有口碑，为了纪念他建设福建的功绩，后人遂将庆城寺之侧的王审知故宅修建为"忠懿王庙"，又称"闽王祠"。

　　"闽王祠"始见于宋太祖开宝九年（公元976年）下诏赐祠于故宅，经年春季必祀牲醪，明万历二十九年（1601年）又下诏鼎建祠宇，敕春秋祀典，称"忠懿闽王祠"。清康熙元年（1662年）重修，道光七年（1827年）宋碑崩，祠亦破损，得款整修祠宇。1981年重加修葺还增修了省级保护文物德正碑亭及德政碑亭扶正维修，1997年又对大殿做了落架大修，部分墙体拆除重建一直保护至今。

2. 闽王祠主要构筑物

1）闽王祠拜剑台古迹

　　拜剑台典故来自"王审知拜剑封疆"的传说，说是军中无主，诸将拜剑选帅，至王审知（一说王潮）拜剑，剑跃起，众人拥之为帅，累官终至封疆大吏。史书纪述，见自《旧五代史·伪列传》《新唐书》《十国春秋·闽一》。

　　福州闽王祠中，原有象征性建筑拜剑台一座，立在祠厅大堂西墙外董太夫人亨堂前埕上，坐北向南，青石座，砖砌长方形墙体（番红色），上嵌块宋代将乐石石碑（残），额青石匾："拜剑台古迹"，牌楼式墙顶。右侧植枇杷树、黄皮果树。于"文化大革命""破四旧"中连同祠前跨街东西辕门被拆毁。"文革"后重修闽王祠，东西跨街辕门式样已移用作闽王祠堂的大门墙。

2）闽王祠石碑

　　闽王祠前庭间有一亭翼然，亭中树立"恩赐琅琊郡王德政碑"，记述了王审知家世及治闽初期的政绩。碑高4.9米，宽1.87米，碑身作圭形，碑文文笔严谨，书法持重，是研究五代史、福建通史的重要实物材料，该碑系唐天祐三年（公元906年）敕建的，清郭柏苍著《竹间十日话》称它为"天下四大碑之一"。庭左还保留一方明万历年间"重修忠懿王祠碑记"，右墙上嵌"乞土胜地"碑，为福建人民纪念闽王开疆功勋而立，每年立春，由郡守率群僚来祠中致祭，在此碑前乞取一丸泥土捏制春牛，发动春耕，自宋迄清，相沿成风俗。其石碑被公布为省级保护文物。

3）闽王祠王审知塑像

闽王祠祀墙横立亭后，墙上镌有"绍越开疆"四个大字，赞誉之辞溢美其上。后墙即为后庭，庭两侧设厢房，正殿为硬山顶土木结构建筑，面阔三间，进深三间，祀门上横挂一块"功垂闽峤"木匾（图4-2-16），殿中俨然而坐者，正是祀主闽王王审知塑像，一副劳苦功高、怡然面对世人的神貌。对于这位有功于闽的先达，八闽子弟自然是不会忘却，进而尊崇有加。

3. 闽王祠建筑形制与价值评估

闽王祠坐南朝北，占地面积1840平方米，平面形状类似矩形，中轴线上依次排列为门墙、前庭、祀门、后庭和正殿，两侧夹墙，组成了一个具有福州地方特色的院落。

1）建筑形制

（1）建筑格局

闽王祠平面为两落。（图4-2-9、图4-2-10）

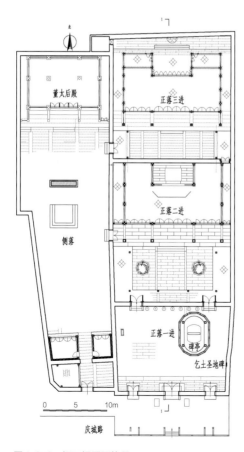

图4-2-9　闽王祠平面格局

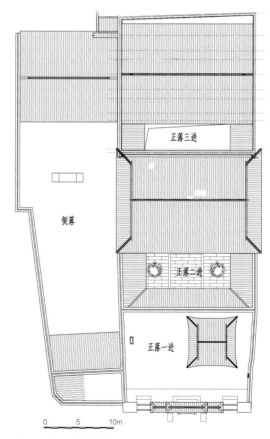

图4-2-10　屋顶平面图

　　正落共三进，一进为天井，条石地面，立有德政碑、乞土圣地碑，在后期还种了铁树等来美化祠堂环境；二进前为回廊，左右为披榭，中间为天井，天井内种有茶花，再为闽王祠主殿前为轩廊殿内供闽王雕像及文物展览；三进前中为主座，前后为天井，由于后期被改建，现只保留有近代风格建筑，前为后期搭建的披榭。主体建筑面一层开五个方形门洞，二层面开七窗，主体内部构架均为后期搭建，后天井嵌在墙体里的石碑仍保存完好。（图4-2-11~图4-2-18）

　　侧落有拜剑台古迹及董太后殿。原拜剑台已经残毁现被改成了红砖建筑，共三层楼，高约10米，红砖楼前被改为水泥地面；董太后殿面阔四柱进深五柱四间，殿内为青砖地面。

　　（2）建筑梁架结构

　　正落二进主殿及侧落董太后殿均以抬梁式与穿斗式相结合的结构为主（图4-2-12）。

　　墙体厚度约为0.61~0.63米不等，墙体主要采用槽砖及石灰砂浆砌筑，内墙面为白色，外墙面均为土朱色，门墙祠貌红墙碧瓦，墙头呈流线型，衬花饰图案（图4-2-13）。正面有三门。中门宽2.1米，高3.2米，门前二只石狮子，门侧二个抱鼓石。大门上碑"奉旨祀典"，下额"忠懿闽王祠"。左右仪门各宽1.5米，高2.5米；右门额"崇德"，左门额"报功"。正落三进原墙体尚存粉刷层均被改为水泥砂浆及白灰粉刷。

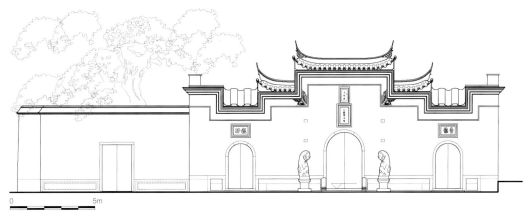

图4-2-11　正立面图

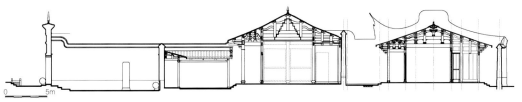

图4-2-12　剖面图

（3）屋面形式

正落一进碑亭为歇山顶屋面，屋脊及垂脊均有彩画。二进前回廊为单披屋面，截水脊均有彩画。二进主座为歇山顶屋面，杉木椽板及望板做木基层，本地黏土板瓦做屋面，屋脊及垂脊均有彩画。三进主座为后期改建的近代两层楼，四坡顶建筑。侧落董太后殿为双坡硬山顶本地黏土板瓦，屋脊均有灰塑彩画，屋面靠山墙边有挂瓦（图4-2-10）。

（4）装饰装修

门墙为石门框硬木板门，正落二进主殿采用花格门窗样式精美，二进大殿以海棠式花格为主。正落三进主座为近代门窗。侧落董太后殿均以海棠式花格为主。

门墙有彩画墙体粉刷均以土朱色。正落二进主殿穿斗式结构间用灰板壁与弄堂相隔，大殿明间藻井贴金工艺精美。（图4-2-17）柱础皆为圆鼓形，有装饰线及雕刻。雀替均为透雕、梁头、斗栱做工十分考究。正落一进、二进天井被布置为一个小花园，种植了一些花草。

2）价值评估

闽王祠岁月沧桑，虽渐去往日风采，然不失之威严，又显拙朴之态，具有历史价值和纪念价值。闽王祠建筑保持清代建筑风格，隔扇、廊轩及前檐石柱础等艺术构件雕刻工艺精

图4-2-13　立面图

图4-2-14　碑亭

图4-2-15　正落二进门廊与回廊

图4-2-16　正落二进主座

图4-2-17　正落二进藻井

图4-2-18　正落三进主座与回廊

美，是一座典型的福州清代庙宇，对福州地方建筑历史及建筑具有研究价值。

4. 勘察现状

1）正落部分

（1）正落门呈

部位	残损情况
石栏杆	由于后期庆城路路面抬高，条石栏杆被覆盖在马路下面，局部条石构件有缺失，条石栏杆下沉歪斜严重
条石地面	由于年久失修，条板石下沉、移位、断裂、缺损严重
门墙	石勒脚、石狮、抱鼓石、灰塑框均保存完好，粉刷层局部起甲脱落。墙门正面上部框堵内部彩画淡化局部缺失。屋脊形制保存完好，彩画局部缺失，局部抹灰层脱落。门墙背面上部框堵彩画淡化缺失严重，现状保存已不明显

（2）一进内院

部位	残损情况
地面	东面、西面、背面有后期加建的花池（种有铁树及其他树种），原条石天井地面均被改为水泥地而且局部开裂
粉刷层	四周内墙面酥碱、起甲、脱落严重。原毛石勒脚被改水泥粉刷层粉刷
墙帽	东西侧墙帽均抹灰层酥碱、脱落，瓦片碎裂、抹灰缺失部分墙帽进水导致粉刷层起甲脱落。北侧墙帽为近代琉璃瓦墙帽，墙帽下部原彩绘框堵被改为琉璃花饰
碑亭及栏杆	碑亭原木柱被1.1米高0.35米厚的红砖栏杆包裹，四根木柱柱脚糟朽，油漆起甲脱落。原红砖栏杆为后期加建

（3）二进部分

部位	残损情况
二进回廊	布局：东西侧两侧回廊被改为管理用房，地面用防滑地砖铺墁，隔断部分以120毫米厚的红砖砌墙裙。 木柱：回廊东西两侧前檐柱与120毫米厚的红砖相接部分糟朽、空鼓、油漆脱落。 屋面：屋面由于年久失修漏雨严重，屋檩更换约50%，椽板糟朽80%，望板糟朽100%，瓦片碎裂约55%。 屋脊：垂脊及框堵的彩绘局部缺失。 墙帽：东西两侧墙帽抹灰酥碱、瓦片碎裂、酥碱抹灰墙帽进水导致墙体上部受到雨水浸泡、墙体倾斜粉刷层起甲脱落
二进天井	地面：条石地面碎裂、移位
二进正座	地面：前轩廊条石地面局部下沉、断裂、殿内斜铺青色斗底砖碎裂严重，局部下沉移位严重。 木柱：木柱均保存完好。 檩条：现状为藻井吊顶，屋檩糟朽情况无法勘测，有待揭瓦后进一步勘察。 木基层：糟朽的椽板65%，糟朽的望板95%，碎裂的瓦片约60%，缸槽脱落。 屋脊：屋脊彩绘缺失，局部抹灰层脱落。 封檐板：前后檐封檐板糟朽约三分之二

（4）正落三进

三进原有木构件无一保留，被改为近代二层砖楼，待现场开挖后进一步勘察。

部位	残损情况
地面	前天井、披榭、主座、后天井均改为水泥地面
梁架构件	穿枋：后期搭建的近代砖楼内部杉木扛梁糟朽严重。 披榭木柱无存，均被后期改为120毫米厚机制砖墙水泥砂粉刷。 披榭柱础均无存，主座柱础局部尚存约10%
屋面	主座为近代四坡顶，生活用房为单披屋面
墙体	原槽砖墙体尚存，粉刷层被改为水泥砂浆及白灰粉刷
装饰装修	槛窗已毁，现状为红砖砌筑水泥砂浆粉刷的生活用房

2）拜剑台古迹

现状侧落均被改为水泥地面，原拜剑台古迹已残毁，现状被改建为三层红砖楼，高度约10米，宽6.25米，占用闽王祠侧落内约11米。

5. 保护修缮措施

闽王祠及拜剑台规划修缮设计工程正落一进、二进侧落均为修缮，正座三进为原地重建。

1）拆除部分

在拆除时应对石碑及周边文物做好保护措施。

位置	拆除内容
正落门呈	铲除路面到门呈的水泥台阶以及起甲、酥碱的粉刷层，揭除琉璃瓦
正落一进	铲除一进内院内墙面旧的粉刷层、水泥地面，拆除德政碑亭后期加建的砖砌栏杆及后期加建的花池
正落二进	揭除二进门墙琉璃瓦花饰及旧的粉刷层；拆除东西回廊东西两侧后加的槛窗、120毫米厚墙裙；揭除屋面碎裂的瓦片及酥碱的抹灰墙帽；揭除地面碎裂的青砖，揭除正座屋面碎裂的瓦片及糟朽椽板、望板；铲除内外墙面起甲、酥碱的旧粉刷层
正落三进	铲除前天井、披榭、主座水泥地面；拆除披榭屋面及前天井后期搭建的红砖生活用房；拆除后期搭建的主座近代砖楼；拆除搭建的砖楼、墙体及生活用房时，对后天井石碑及周边文物做好保护措施
侧落	拆除后期搭建的三层红砖楼，其高度约10米，宽6.25米，伸入闽王祠侧落约11米。拆除红砖楼时应对董太后殿及周边建筑做好保护措施。铲除院内所有水泥地面

2）维修内容

侧落董太后殿已修复，此次主要修复正落、一进、二进、三进及侧落管理用房、拜剑台和条石地面的修缮。

图4-2-19 面层重新抹光

图4-2-20 门框重新彩绘

图4-2-21 碑亭栅栏杆重新制安

图4-2-22 碑亭柱子墩接

（1）正落门呈

台阶

铲除入门呈部分水泥台阶，采用条石规格为35毫米×1500毫米，长度按现场长度更换，条石露明处均修边打荒、二遍錾凿。

石栏杆

矫正歪闪的石栏杆，更换断裂的条石，参见保存完好的补配缺失的石栏杆。所有条石栏杆露明处修边打荒、二遍錾凿。

地面：将移位、下沉的条板石归位，重新按100毫米厚原条板石密缝铺墁。

沿街门墙

铲除侧落门墙旧的粉刷层，面层重新抹光；铲除正落门墙旧的粉刷层，面层重新抹光（白色）；补绘缺失、淡化的彩绘；揭除琉璃瓦，重新用本地黏土灰筒瓦做阳瓦，本地黏土板瓦做底瓦，铺装应平整顺直，瓦线一致，面瓦一底瓦搭六留四，搭头搭接应紧密，并做乌烟灰缸糟扎口；恢复屋脊抹灰及彩绘；对门墙框重新按原样全面进行重新彩绘。（图4-2-19、图4-2-20）

（2）正落一进

地面

拆除东侧、西侧、北侧后期加建的花池、水泥台面、搬移铁树竺。铲除天井中后期加铺的水泥地面，重新按100毫米厚（宽度350毫米，长1500毫米）条板石密缝铺墁。

粉刷层

铲除东侧、南侧、西侧、北侧三个内墙面旧的粉刷层，面层重新抹灰；拆除后期加建的花池，恢复方整石勒脚。

石碑

恩赐琅琊郡王德政碑亭栅栏杆及亭子木柱墩接修复必须在不破坏原石碑的情况下修复，在修复前应做好保护措施；在修复内墙面时应对"乞土圣地碑"做好保护措施。（图4-2-21、图4-2-22）

彩绘

铲除二进门墙彩绘框堵内琉璃花饰，恢复彩绘。

墙帽

铲除东侧、西侧墙帽酥碱的抹灰层，更换碎裂残损的瓦片，重新铺瓦抹灰；揭除二进门墙琉璃瓦重新按本地灰筒瓦做阳瓦，本地板瓦做底瓦重新铺装，并做扛槽及乌烟灰缸糟扎口。

（3）正落二进

回廊

铲除东西两侧回廊防滑砖地面，按传统铺法恢复条板石地面；南侧回廊地面按传统铺法重新铺墁。拆除东西两侧回廊后期加建的120毫米厚砖墙及槛窗恢复回廊原有形制。

铲除回廊内墙面所有旧的粉刷层，面层重新抹灰。东侧、西侧回廊与原120毫米厚红砖墙裙相接部分糟朽按现状糟朽程度用抄手法墩接。按原规格、原材料更换靠墙部分檩条；更换糟朽的椽板约80%，更换望板约95%，更换残损的瓦片约55%，瓦片揭开后重新铺瓦。更换墙帽碎裂残损的瓦片，重新铺瓦抹灰。

前天井

条石地面保存较为完好。局部有下觉、断裂，对条石地面归位。

图4-2-23　正落二进主座轩廊修整

图4-2-24　屋脊彩绘重绘

二进主座

地面

调平矫正开裂及局部下沉的条板石重新密缝铺墁；按原规格原材料更换殿内碎裂的青砖铺墁，对下沉的青砖地面调平处理，密缝铺墁。

木装修

明次间隔扇规格偏大，门轴承轴糟朽，次间门扇破中。将明间、次间隔扇按传统形式恢复。

屋檩

屋檩更换情况待屋面揭瓦后，所更换的量在现场另行确认。

木基层

更换糟朽的椽板65%，更换糟朽的望板95%，更换碎裂的瓦片约60%，重新铺本地黏土板瓦（瓦片按福州传统做法）并扛槽，乌烟灰缸糟扎口。

屋脊

原为悬山亭屋脊改为歇山亭屋脊并彩绘。（图4-2-23、图4-2-24）

（4）正落三进

前天井

条石地面采用100毫米厚（宽按350毫米计算，长按1500

图4-2-25 正落三进主座按照扛梁厅制安（一）

图4-2-26 正落三进主座按照扛梁厅制安（二）

毫米计算）条板石密缝铺墁。

回廊

地面均用400毫米×400毫米×40毫米青色斗底砖45°十字密缝铺墁。木柱、装饰装修等按照残损情况，结合本座保存完好的构件恢复。灰板壁以及内墙面层均重新抹光。木基层瓦屋面、墙帽按传统做法全新制安。

三进主座

经现场开挖后发现原红色斗底砖铺地及后檐条石天井保存完好，且红色斗底砖铺地长度达到9米，与福州传统古民居的七柱扛梁厅地面铺砖较为相似。故将三进主座按七柱的扛梁厅样式设计。（图4-2-25、图4-2-26）

后天井

地面100毫米厚条板石；由于墙体内有石碑，在修复主殿及后天井墙体时应对碑做保护措施以免破坏石碑。

侧落拜剑台古迹

侧落拜剑台古迹原址重建，依照"不改变文物原状"和"四保存"（即原形制、原结构、原材料、原工艺）予以重建。原拜剑台建筑（照墙）正面嵌碑一方，内容为"宋高宗赵构御书碑"，原系福州华林寺旧物。"文化大革命"后，重修华林寺时已将该碑归安原址。对新建拜剑台刻碑，建议碑材采用将乐石或青石，依据史书记载的"拜剑封疆"场景，请工笔画人物画家采用高浮雕技法刻作。

第三节　衙署官邸

一、淮安衙署

1. 历史概况

淮安县衙署坐落于福州市淮安村停前街7号北侧，该建筑坐北朝南，占地面积1057平方米，为明末清初清代穿斗式木结构，是淮安保留比较完整的三进式院落布局的古建筑（图4-3-1～图4-3-3）。淮安县衙署被列为区级文物保护单位。

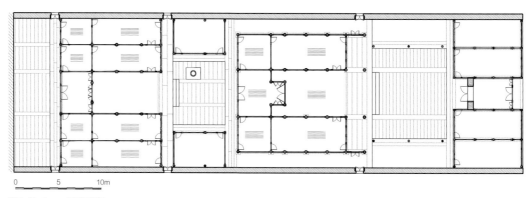

图4-3-1 一层平面图

图4-3-2 次间剖面图

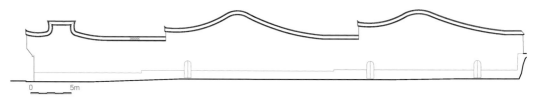

图4-3-3 东立面图

2. 建筑形制与价值评估

1）建筑形制

建筑布局为三进式院落，依次为一进门头房、二进、三进：

（1）一进门头房：面阔五间、通面阔16.0370米，进深五柱，通进深7.770米，屋面为双坡硬山顶（带鹊屋脊），两侧为封火墙帽。（图4-3-4）

（2）二进：中间为主座、主座前檐两侧为过廊、中间为天井。主座面阔三间、通面阔13.180米，两侧为边弄，进深七柱、通进深14.510米，屋面为双坡硬山顶（带鹊屋脊），两侧为封火墙帽。（图4-3-5～图4-3-7）

（3）三进：中间为主座，面阔五间，通面阔16.0370米，进深五柱，通进深11.420米，屋面为双坡硬山顶（带鹊屋脊）。主座前檐两侧为两开间披榭，中间为天井，主座后檐为天井。两侧为封火墙帽。（图4-3-8、图4-3-9）

图4-3-4　入口空间——门头房

图4-3-5　二进过廊、天井空间

图4-3-6　二进主座正立面

图4-3-7　二进主座穿斗构架

图4-3-8　三进披榭与二进主座的关系

图4-3-9　三进主座明间"一斗三升"构架

2）价值评估

历史价值：建筑始建于明末清初、建筑主要建筑构架保留基本完整。该建筑是淮安区内保留较好且比较典型的院落式古建筑，具有较高的历史价值。

科学与艺术价值：该县衙署为穿斗式结构，异型栱、灯托、隔扇等艺术构件雕刻工艺精美，是一座典型的福州清代古民居，对福州地方建筑的科学与艺术有一定的研究值价。

3. 现状勘察

通过本次对县衙署这座区级文物保护单位现状的初步勘察，可以发现整个布局保留基本完好，所有木构部分均有不同程度的糟朽及残损严重，所有墙体粉刷层脱落、酥碱、艺术构件缺损、槛窗被改建、残损严重。

分项	残损情况
墙体	东西两侧封火墙石勒脚松弛，墙体在二进至三进处倾斜且原夯土墙被拆除，改用近代红砖砌墙并加开窗洞。墙帽已毁约95%
屋面	本地黏土板瓦碎裂、风化约85%。望板糟朽霉变100%，屋面椽条糟朽霉变约85%

续表

分项	残损情况
梁架	一进门头房：西两侧缝架、材质为杉木，整体梁架均有不同程度的糟朽病害。所有露明部分均存在干缩、开裂。 一进前披榭：东西两侧披榭梁架已毁。 一进主座：一斗三升缺斗栱失一攒，整体梁架均有不同程度的糟朽病害。 二进前披榭：东西两侧的梁架霉变糟朽严重，西侧披榭前檐已坍塌。 二进主座：一斗三升斗栱缺失一攒，整体梁架均有不同程度的糟朽病害。 木柱的柱头柱脚均有蚁害、糟朽，霉变残损严重。 明间前后檐檩条露明处均保存完好，其余部分待揭瓦后进一步确定
地面	一进门头房三合土地面残损缺损约70%；二进前回廊前东西披榭三合土地面缺损约80%，二进前天井杂草丛生，二进主座前轩廊地面条石缺失，明间、次间杉木地板残损约90%，边弄三合土地面均被杂物覆盖；三进前披榭三合土地面残损严重，三进前天井"古井"保存完好，杂草丛生；三进主座明间三合土地面缺损严重，次间、梢间杉木地板残损约90%
装饰装修	门头房前后檐槛窗均被改建为近代红砖隔断；一进主座前檐槛窗被改建为近代红砖隔断，后檐槛窗构件糟朽严重；三进主座前后檐槛窗残损严重。一进门头房、二进主座、三进主座艺术构件均有缺损或缺失。 入口门环、铜件均缺失

4. 保护修复措施

1）卸除部分

拆除后期搭建的阁楼与砖墙，卸除东西两侧后期加建的墙体及无法使用的夯土墙。铲除回廊水泥地面，清理二进前天井、三进前天井杂草，揭除糟朽的杉木地板。揭除县衙署墙帽及屋面的黏土板瓦片并对瓦片进行分类，将保存完好的黏土板瓦清洗后存放，待维修屋面时再继续使用。揭瓦后对糟朽无法再使用的檩条（其数量均现场确认）进行拆卸。

2）维修内容

此次主要对县衙署一进、二进、三进主座进行修缮。

分项	具体措施	做法说明
墙体	拆卸后的墙体，重新砌筑均采用青砖及M7.5混合砂浆。粉刷层屋面以上部分均采用乌烟壳灰抹光。其余墙体铲除空鼓脱落的粉刷层重新壳灰抹光	粉刷层做法：①屋面以上及外墙面：20毫米厚田土草泥灰打底找平；②2毫米厚乌烟壳灰面层抹光；屋面以下及内墙面：20毫米厚土草泥灰打底找平；2毫米厚壳灰面层抹光
屋面	按原规格更换残损的黏土板瓦约85%。按原规格更换糟朽的望板100%，按原规格更换糟朽的杉木椽板约85%	屋面铺装应平整顺直，瓦线一致，面瓦一底瓦搭二留一，搭头搭接应紧密，乌烟灰扛槽扎口
梁架	一进、二进、三进梁架均存在糟朽，对所有糟朽的构件按原规格样补配归安。 檩条：剔除檩条糟朽部分用旧木料剔补	对柱根部有糟朽的进行墩接的接法另定，对歪闪的构架进行打牮拨正。对无法继续使用的构件均按原规格、原工艺更换

续表

分项	具体措施	做法说明
地面	对残损的三合土地面进行铲除后重新夯筑修复。按原规格补配天井缺失的条石，对现存的条石调平归位。按原规格更换所有糟朽的杉木地板及楞木	地面原条石应原位置归安，缺失的按设计的规格进行补配归安。需补配、更换、拆卸的木地板面积施工前会同设计人员确定
装饰装修	补配缺损的艺术构件；缺失的金属配件均按现场保留完好的补配	对残缺的门、窗按照设计规格式样重新制作、更换

第四节　驿站会馆

一、安澜会馆

1. 历史概况

"安澜会馆"又称"浙江会馆"或"上北馆"，位于福州市仓山区仓前路250号，坐南朝北。旧时浙江省所需木材半取于闽，故仓山之中洲浙江木商云集。清乾隆三十八年（1773年）议建会馆，慈溪人水声远、海宁人马琅函为首倡导集资。清乾隆四十年（1775年）八月择仓前山北麓建馆，占地3058平方米，乾隆四十三年（1778年）六月落成。大门三楹，前为大殿，祀天后圣母，后建左右翼楼、堂、寝、庖厨俱备。会馆额"安澜"，意谓"风平浪静、赐福安澜"，含有在闽的浙商风平浪静、海不扬波、平安往返、生意兴旺的祈愿。光绪年间（1875~1908年）扩建，集闽、浙能工巧匠，各展所长，其华丽宏敞为省会各会馆之冠。1990年改作仓山区文化馆。

2. 建筑形制与价值评估

1）建筑形制

会馆坐南朝北，面阔24.36米，进深66.7米。有前后三座，依山麓高低而建，由门墙、戏台、前天井、东西瞧楼、门厅、大殿、后天井、月台、后殿、东西耳房等组成，花木扶疏，别具一格。（图4-4-1、图4-4-3）大门额书"安澜会馆"四字（图4-4-2），十分醒目，门口两只大石狮雄踞拱卫，临街为二层楼房。安澜会馆原建筑形制及按浙江地区大式建筑的规制建造，如：屋面使用方椽条和方形飞椽，椽上复望板，上檐斗栱为单材断面为85厘米×105厘米单翘单昂，下檐为双昂；前、后廊梁架设有月梁；望板之上有灰笤背层；大殿笤背为灰土，瓦面为陶质筒瓦。

进入大门，是一处中庭式的天井，两侧瞧楼，前为戏台，台上三面围栏，高可行人。瞧

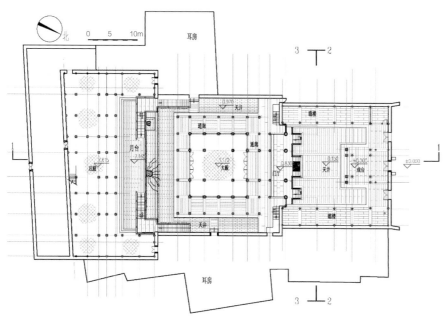

图4-4-1　平面布局图

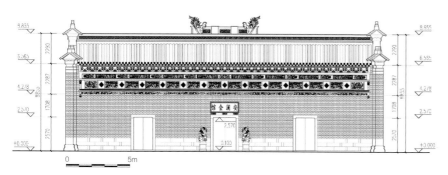

图4-4-2　正立面图

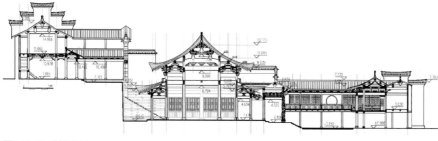

图4-4-3　剖面图

楼宽4米，长15米，带外走廊。楼沿7根朱红立柱，花格木栏杆。楼房分隔6间，榫卯接各式漏花排窗。现尚保存一扇窗花，圆形，直径1米，外沿3匝，雕刻各种花卉，中央窗孔0.4米，制二层叠井，造型优美，镂刻玲珑，富立体感。楼上部横列斗栱14朵，设三层斗栱，使外檐逐层出挑，铺作成卷书式天花板。昂与斗栱之间，驼峰、卧兽、托斗等错杂交叠，构成精美图案。所有构件、配件经匠师精心制作，雕刻成各种艺术形象，涂朱抹金，把瞧楼装饰成一条多彩多姿的艺术长廊。（图4-4-4）

过前天井上七级石阶，抵达清幽雅致的大殿。大殿原祀天后圣母，重檐九脊歇山顶，抬梁加穿斗式木结构。面阔五间，进深七柱，四周环廊，融闽、浙两地建筑特色。正脊塑彩色灰塑图案，角檐翘脊，施木质角鱼。门厅额悬书法家陈奋武题写的"玉林春晓"横匾，古朴典雅，神采飘逸。前廊板石地面，前后各4根立柱，后列4根木柱，青石柱

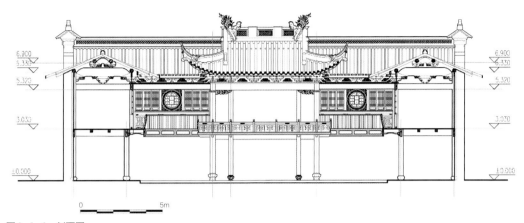

图4-4-4　剖面图

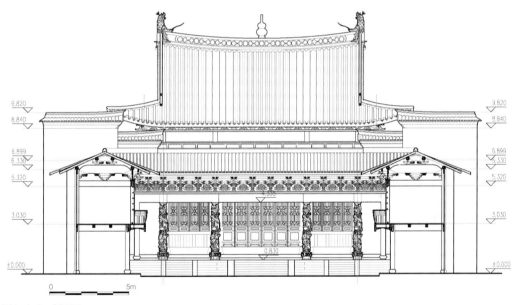

图4-4-5　剖面图

础，四面镶刻花饰，线条精细，出自浙江名匠之手。（图4-4-5）廊前原建有四根青石浮雕龙柱，亦浙匠杰作，后移置于山玉皇阁。外檐铺作的斗栱、昂、翘角等，刻制粗犷豪放，保存原建精美造型和地方特色。

往大殿两侧共38级石台阶至月台，台阶台沿配铸铁板栏杆，台前长上一棵大榕树，枝繁叶茂，别具壮观。

再上三个台阶，为"凹"字形二层楼，为后殿，面阔九间，进深七柱，两侧为最具浙江地区特色层叠式山墙。

2）价值评估

安澜会馆为省级文物保护单位，是研究福州清代与外地经商及文化往来的又一座实物见证，是研究会馆建筑文化内涵以及浙江地区大式建筑规制的难得实物载体。该建筑不少木雕、彩画、鎏金构件精美绝伦，给后代留下难得的建筑艺术财富，具有一定的历史、建筑、科学价值。

3. 现状残损分析

1）门墙、戏台

地面：一层原为条石地面，后期除为台阶现存外均被改建为水泥地面；二层为木地面，游客和工作人员长期活动，现存木地板均有不同程度磨损，磨损严重的地方占楼地面面积约70%。

所有柱、柱础及大构件结构保存还比较完整，局部柱子向南面倾斜约有10°。

墙壁：原门墙下为归整花岗石砌筑，中部为浙江传统青砖砌筑，上部为砖雕图案，现存门墙均被改建已面目全非；原戏台一层均为开敞的，因后期功能的需要东西两侧现被改为木隔断，戏台二层三周原为戏台栏杆，现三周均为花格隔断，改为文化馆会议厅。

屋面：原为歇山屋面，现被改为攒尖顶屋面；原屋面为筒瓦屋面，现被改为板瓦屋面100%，望板残损严重约50%，椽板均糟朽严重约50%。原所有脊饰无存，现在为梯形式压脊。

装修：1-7轴原板门插屏，现已无存，原戏台三周花格栏杆无存。（图4-4-6、图4-4-7）

油漆、彩绘：所有木构件的漆饰以栗壳色为主。所有艺术构件雕刻图案描金做法。

2）两侧瞧楼

地面：一层原为条石地面均保存完好。二层为木地面，游客和工作人员长期活动，现存木地板均有不同程度磨损，磨损严重的地方占楼地面面积约50%。

柱、梁、枋：所有柱、柱础及大构件结构保存还比较完整。

墙壁：原瞧楼一层均为开敞的，因后期功能的需要，东西两侧现被改为披屋120毫米厚砖墙。

屋面：屋面有约50%瓦片碎裂、风化，望板残损严重约50%，椽板均糟朽严重约30%。所有脊饰风化、表层灰塑脱落严重。

装修：二层檐柱上斗栱昂头均被打掉，二层走廊栏杆不同程度残损。

油漆、彩绘：所有木构件的漆饰以栗壳色为主。所有艺术构件雕刻图案描金做法。屋面原各脊彩绘无存。

3）门厅

地面：条石地面形制均保存完好，部分石构件表面出现裂纹。

图4-4-6 现状残损
分析图示（一）

1. 北立面现状图　　2. 北立面后期改建卷帘门现状图　　3. 戏台一层现状图　　4. 谯楼一层轩廊现状图

5. 谯楼一层现状图　　6. 戏台及谯楼立面现状图　　7. 门楼缝架现状图　　8. 谯楼檐口现状图

9. 谯楼缝架现状图　　10. 戏台藻井现状图　　11. 谯楼二层下裙板现状图　　12. 门厅及谯楼立面现状图

图4-4-7 现状残损
分析图示（二）

13. 门厅立面现状图　　14. 门厅东侧被改建现状图　　15. 大殿西北角改建台阶现状图　　16. 门厅东侧后期改建房现状图

17. 大殿西侧下檐现状图　　18. 大殿下檐斗栱铺座现状图　　19. 大殿下檐翼角现状图　　20. 大殿北面东侧雨坡缝架现状图

21. 大殿东侧凤凰藻井现状图　　22. 门厅精美构件现状图　　23. 门厅前檐槅门现状图　　24. 大殿东北角山墙现状图

柱、梁、枋：前檐四根原为青石龙柱，现连同柱础被改为泥柱，其他柱、梁、枋大构件结构保存还比较完整。

墙壁：东西侧原为上瞧楼石台阶位置被改建为水泥房砖墙。

屋面：屋面有约50%瓦片碎裂、风化，望板残损严重约50%，椽板均糟朽严重约30%。正脊风化、表层灰塑脱落严重。

装修：2-8轴与2-9轴之间原斗栱藻井被人为破坏严重，只残留壁斗栱，天花板已毁。

油漆、彩绘：所有木构件的漆饰以栗壳色为主。所有艺术构件雕刻图案做描金。

4）大殿

地面：室外东、西、南原条石天井地面均被水泥板覆盖，部分台沿条石也被水泥板覆盖。室内原灰色斗底砖铺地，现被现代瓷砖铺设，所有原柱顶石连同柱础下部被覆盖。

柱、梁、枋：76号、77号柱残损严重，2-3轴上一行枋被锯断无存；因勘测条件有限现目测其他大构件基本完好。

墙壁：原位于2-2轴、2-6轴、2-C轴、2-F轴上隔断，现被改建到2-1轴、2-7轴、2-A轴、2-H轴上。后天井四周均被改为水泥墙。

屋面：屋面有约50%瓦片碎裂、风化，望板残损严重约50%，椽板均糟朽严重约30%。各脊风化、表层灰塑脱落严重。上檐南侧屋面坍塌严重约有14平方米。

装修：下檐檐柱上四周斗栱昂头均被打掉，部分栱眼板残损约30%。西侧凤凰池藻井已毁。（图4-4-7、图4-4-8）

油漆、彩绘：所有木构件的漆饰以栗壳色为主。所有艺术构件雕刻图案做描金做法。屋面原各脊彩绘无存。

5）月台

地面：原条石台阶铺设，平面为条石铺面，现台面因长期人为破坏，加上无人管理台上长满杂草，还有乱搭建的砖房。

上月台原台阶栏杆已无存（图4-4-11）。

6）后殿

地面：原灰色斗底砖铺地，现杂物众多。

柱、梁、枋：东侧柱子已毁，西侧因勘测有限无法判断情况。

墙壁：东、西侧原山墙表层粉刷酥碱、空鼓严重。

屋面：现存屋面有约80%的瓦片碎裂、风化，望砖残损严重，约90%，椽板均糟朽严重，约80%。各脊风化、表层灰塑脱落严重。东侧屋面坍塌约90%。

油漆、彩绘：所有木构件的漆饰以栗壳色为主。所有艺术构件雕刻图案描金做法，明间雕梁油漆退化严重。（图4-4-9、图4-4-10）

25. 门厅残损藻井现状图　　26. 门厅石柱础现状图　　27. 大殿内看架现状图　　28. 大殿下檐东、西侧轩廊现状图

29. 大殿下檐南、北轩廊现状图　　30. 大殿上檐轩廊现状图　　31. 大殿上檐翼角现状图　　32. 大殿檐柱上精美构件立面现状图

图4-4-8　现状残损
分析图示（三）

33. 大殿檐柱上精美构件侧面现状图　　34. 大殿下檐东侧坡檐顶部现状图　　35. 大殿下檐屋面状图　　36. 大殿上檐翼角现状图

37. 东侧往月台原台阶平台现状图　　38. 后殿东侧山墙墀头立面现状图　　39. 后殿东侧山墙墀头侧面现状图　　40. 大殿东侧天井现状图

41. 大殿东侧往耳房门上门罩现状图　　42. 后殿东侧已毁现状图　　43. 后殿前月台现状图　　44. 月台与大殿南侧现状图

图4-4-9　现状残损
分析图示（四）

45. 后殿东北侧山墙残损现状图　　46. 后殿东北侧建筑已毁现状图　　47. 后殿一层檐柱上"一斗三升"现状图　　48. 后殿东侧已毁缝架现状图

49. 后殿前轩廊现状图　　50. 后殿前次轩廊现状图　　51. 后殿遗留现状图　　52. 后殿遗留现状图

53. 后殿西北侧建筑已毁现状图　　54. 大殿西侧山墙现状图　　55. 后殿二层前廊现状图　　56. 后殿前月台现状图

图4-4-10　现状残损分析图示（五）

57. 大殿南侧屋面现状图　　58. 后殿现存建筑屋面残损现状图　　59. 后殿一层檐柱挑檐现状图　　60. 后殿现存建筑缝架现状图

61. 后殿西侧山墙残损现状图 　　62. 门厅东侧上山墙现状图 　　63. 大殿东北角屋面现状图 　　64. 大殿与门厅屋面交叉现状图

65. 西侧月台现状图 　　66. 月台挡墙残损现状图 　　67. 月台原留存台阶现状图 　　68. 后殿东北侧残损现状图

图4-4-11　现状残损分析图示（六）

69. 月台大榕树树根现状图 　　70. 后殿东侧建筑已毁现状图 　　71. 东侧耳房屋面现状图 　　72. 东南角屋面现状图

7）东、西耳房

因均被改建为砖房，原形制无存，待施工挖掘后做进一步勘测。

4. 损坏的主要原因

（1）长期对该建筑曾做多次维修，但都不彻底，都只停留在抢救性维修阶段。

（2）也存在使用不当的因素，如：为满足使用功能需要在装修方法上，采用了吊顶、包柱、遮掩等做法使木构件长期处于潮湿的环境，得不到通风排湿的条件，使大量的白蚁滋生，榫卯糟朽。

（3）屋面由于木基层不平整和糟朽而引发屋面渗漏情况的发生，这也是对木构件的保护造成最大的威胁。

5. 安全评估结论

由于长期使用且缺少有效的维护手段，屋面雨水渗漏，木构架通风不善，白蚁得不到有效控制，致使该建筑主体梁架结构的主要受力构件糟朽，承载能力被削弱，个别主要受力构件的损坏也使建筑安全度已处于危险状态，存在极大的安全隐患，而精美的艺术构件也面临着继续残损的危险。

评估结论：该建筑现状主要是屋面木基层残损严重，病害造成的损坏状况还在继续发展，应尽早采取有效措施予以保护和维修，否则建筑将随时间的推移面临倒塌的危险。

6. 修缮措施

1）门墙、戏台

地面：拆除后期被改建为水泥地面，按原材质、工艺修复一层为原条石地面。更换二层现存木地板，有磨损的地方约占楼地面面积的70%，板厚30毫米，宽大于120毫米。

柱、梁、枋：对部分1-7轴柱子向南面倾斜约有10°，进行校正，使之恢复原位。

墙壁：根据以前留下的照片以青砖砌墙，还有参照宁波安澜会馆的立面风格，下为归整花岗石砌筑，中部为浙江传统青砖砌筑，上部为砖雕图案，重新制安。拆除东西两侧因后期功能需要被改建的木隔断，恢复原戏台形制。

屋面：拆除攒尖顶屋面，恢复原歇山屋面；按原形制恢复原所有脊饰。

装修：按原形制恢复原戏台三周花格栏杆。

2）两侧谯楼

地面：一层原为条石地面，保留原样。更换二层现存木地板，不同程度磨损的地方占楼地面面积约50%。

柱、梁、枋：所有柱、柱础及大构件结构保留原样。

墙壁：拆除后期被改为披屋120毫米厚砖墙，恢复原一层敞开立面。

屋面：更换屋面碎裂瓦片约50%，风化、残损严重的望板约50%，糟朽严重的椽板约

30%。重新修复风化严重的所有脊饰和脱落严重的表层灰塑。

装修：按原尺寸、形制修复二层檐柱上均被打掉的斗栱昂头100%，修复不同程度残损的二层走廊栏杆。

油漆、彩绘：所有木构件的漆饰以栗壳色为主。所有艺术构件雕刻图案描金做法。修复屋面原各脊彩绘。

3）门厅

地面：保留现存保存完好条石地面。

柱、梁、枋：参照于山会馆前檐龙柱，重新制安前檐四根青石龙柱，配相应大小的柱础，保留现存其他柱、梁、枋大构件。

墙壁：拆除东西侧后期改建为水泥房砖墙，恢复原为上谯楼石台阶。

屋面：更换屋面碎裂瓦片约50%，风化、残损严重的望板约50%，糟朽严重的橼板约30%。重新修复风化严重的正脊和脱落严重的表层灰塑。

装修：修复人为破坏严重的2-8轴与2-9轴之间的原斗栱藻井，根据现存壁栱及会馆现有的一些斗栱风格进行恢复，并配已毁天花板，板厚15毫米。

油漆、彩绘：所有木构件的漆饰以栗壳色为主。所有艺术构件雕刻图案描金做法。

4）大殿

地面：铲除室外东、西、南被水泥板覆盖的地面，恢复部分被水泥板覆盖的台沿条石。铲除室内被现代瓷砖铺设的地面，恢复原灰色斗底砖铺地。

柱、梁、枋：更换残损严重的76号、77号柱，恢复2-3轴上一行被锯断的枋断面，尺寸630毫米×150毫米；其他构件待施工时做进一步因勘测并核实残损情况。

墙壁：恢复原位于2-2轴、2-6轴、2-C轴、2-F轴上的隔断，拆除现被改建到2-1轴、2-7轴、2-A轴、2-H轴的隔断。铲除后天井四周的水泥墙，恢复原天井。

屋面：更换屋面碎裂瓦片约50%，风化、残损严重的望板约50%，糟朽严重的橼板约30%。修复严重风化的正脊和脱落严重表层灰塑。上檐南侧屋面坍塌严重，约有14平方米，对其进行重新落架并更换所有相关构件。

装修：按现存形制修复被打掉的下檐四周檐柱上的斗栱昂头，修复部分残损栱眼板约30%。参照东侧，修复西侧已毁凤凰池藻井。补配缺失的花格门窗。

油漆、彩绘：所有木构件的漆饰以栗壳色为主。所有艺术构件雕刻图案描金做法。参照营造法原正脊做法，重新制安正脊。

5）月台

地面：清理杂物、杂草，还有乱搭建的几座小砖房，恢复原形制台阶、月台，因台阶垂带上留有铸铁栏杆头，暂时判断原台阶有铸铁栏杆，月台北侧台沿也是有铸铁栏杆，因现在无充分依据，待施工时做进一步补充设计。

6）后殿

地面：拆除室内众多杂物，恢复原灰色斗底砖铺地，重现所有柱顶石；具体情况待施工时再做进一步确认。

柱、梁、枋：恢复已毁东侧柱子，其他大构件残损情况待施工时再进一步确认。

墙壁：铲除酥碱、空鼓严重的东、西侧原山墙粉刷表层，按原工艺、形制重新粉刷墙体表层。

屋面：更换屋面碎裂瓦片约80%，风化、残损严重的望板约90%，糟朽严重的椽板约80%。重新修复风化严重的正脊和脱落严重的表层灰塑。重新制安东侧坍塌屋面约90%。屋面檩条更换情况详见相关图表。

油漆、彩绘：所有木构件的漆饰以栗壳色为主。所有艺术构件雕刻图案做描金做法，保留退化严重明间雕梁油漆。

7）东、西耳房

因均被改建为砖房，原形制无存，待施工挖掘后做进一步设计。

二、永德会馆

永德会馆位于福州市台江区下杭路张真君祖殿斜对面。台江的上杭路和下杭路及其附近街区，俗称"双杭"，这里早年是福州的商业中心和航运码头。从永德会馆的地理环境看，它地处星安桥与三通桥之间，与上下杭连片，距中亭街不过百米。门前星安河环绕，设有道头，交通运输通江达海，并可沿大樟溪上溯德化水口。南台是福州的商贸中枢，万商云集。明清至民国时期，来自各省及省内各州县的商人先后在南台建会馆30多座，联系广泛，推销商品十分有利。福州开埠后，仓前山一带洋行林立，不少外国商人直接到硋埕里采购德化瓷器。从人文环境看，附近还有抗金民族英雄陈文龙尚书庙，殿堂宏伟、器宇轩昂的张真君祖殿，以及东金寺、法师亭、状元府、九使庙等名胜古迹。

1. 历史概况

永德会馆中的"永德"为永春、德化两县的简称。名称的由来与福建省区域建制沿革相联系。清初沿袭明制，永春、德化两县均隶属泉州府。雍正十二年（1739年）升永春县为福建布政使司直隶州，德化县归永春管辖。两县地域毗邻，且所产陶瓷（永春县与德化县相邻的部分乡村也产陶瓷）成为省内对外贸易的大宗商品。共同的经济利益把两县商贾紧密联系在一起，"永德堂会""永德会馆""永德同乡会"先后建立，不仅在省城福州建有永德会馆，在境外如马来西亚、新加坡等地也建有永德会馆。

图4-4-12　院落整体关系图（一）

图4-4-13　院落整体关系图（二）

　　福州永德会馆始建于清雍正年间，光绪年间重修，民国二十年（1931年）重建，均为两县在榕商帮集资所建。查民国档案，在永德同乡会筹备处主任林青山写给福州市政府并福建省政府的报告中称："永德地域系本省辖内永春县与德化县。自清业已在福州成立永德会馆并建筑壮丽堂皇，馆址壹座于南台硋埕里门牌三十九号，藉以联络同乡感情，增进桑梓福利，倡办公益事业等……"林青山，字育德，永春逢壶人，早年追随孙中山参加辛亥革命，时任福州永德会馆董事。

　　现永德会馆是一座中国传统建筑风格与西方建筑元素相融合的近现代优秀建筑。其坐南朝北，占地面积1075平方米，总面阔约36米，总进深约30米。永德会馆分为两座，主落由回廊二层、天井、一进三层主座、二进三层主座组成；侧落由天井、一进二层主座、二进二层主座组成。其中主落回廊及一层部分西式建筑元素居多，第三层歇山顶，纯属清代古建筑，系民国二十年重建时将清代福州会馆建筑中的厅堂部分依原样搬建在顶层，形成中国传统建筑与仿西洋建筑叠加的独特风格。（图4-4-12、图4-4-13）大门门额嵌大理石刻镏金牌匾，榜书"永德会馆"。

　　永德会馆建成近百年，长期以来，被作为福州永德商帮堂会、商会、同乡会的活动场所。福州解放后，永德会馆作为公产，由台江区房管局管理，先是租给台江区草席厂作厂房。20世纪70年代草席厂停产后租给福州汽车改装厂，承租户还在永德会馆东侧原有的一块货场空地上建起一座4层砖房，作汽车改装厂职工宿舍。20世纪末，汽车改装厂停产，台江区房管局又将会馆房屋租给福州市清辉文化工艺厂，使用面积2200多平方米，用途是厂房、仓库，租赁期15年。

　　2013年1月硋埕里20号（永德会馆）在上下杭历史文化街区保护工程中被评为未定级文物保护单位。

　　2. 价值评估

　　1）社会历史价值

　　永德会馆的历史背景与闽省社会变革、经济发展联系紧密。

　　永德会馆地址：福州南台硋埕里20号（民国时期为硋埕里39号）。硋埕里的"硋"，即福州方言"瓷","硋埕"即瓷器专卖市场。因德化人在此经营瓷器而得名。

福州是福建省的经济文化中心，是我国东南沿海的重要港口城市，以及闽江流域土特产品和外贸物资的集散地。宋代，福州港"舟行新罗、日本、琉球、大食之国"，德化窑场生产的高白度莲花纹碗、刻花大瓷盘、印花浮雕盒等，成为对外贸易的大宗输出商品。宋元祐二年（1087年），因飓风暴雨闽江泛滥，上游泥沙冲积形成今中亭街、义洲一带的楞岩洲。新洲地具有水陆交通便捷优势，木材、毛竹等各种土特产品专卖市场相继登陆。德化陶瓷商人也随之跟进，地皮先租后买，摊点由少到多，"硋埕"名声在外。

德化自古是中国三大瓷都之一，所产瓷器因质地优良洁白、工艺精巧、釉色多样、釉面滋润而倍受青睐。德化瓷器大量从福州港出口，这在连江定海白礁海域沉船遗址出水的包括黑釉壶、白釉碗、盘等一千多件宋元时期陶瓷器，以及平潭海域"碗礁一号"出水的1.6万多件清康熙年间的各种瓷器等，均可佐证。

永德商人经营商品除了瓷器外，还有木材、毛竹、葛布、茶叶、柑桔、干杂货等，以戴云山区的木材、毛竹为大宗，扎排从涌溪、大樟溪顺流而下进入福州，销往省内沿海、潮汕、江浙，台湾等地。台湾光复后急需经济建设，以煤炭换取闽省大量木材，德化木材商王士性、王开进等涉足其中，成为当地首富。

永德会馆为研究闽省社会变革及商贸发展史提供了实物佐证史料。

2）建筑艺术价值

永德会馆是中西建筑形式相融的福州近代传统建筑形态变异的典型。

永德会馆中，一、二层西式建筑元素占相当比重，砖墙配方形石柱；大门雨遮外挑，以罗马式圆形花岗岩石柱支撑；屋内旋转楼梯，拱形门窗配磨砂玻璃采光；厅前廊道配雕花木栅栏等西式做法显现。而第三层则是中国传统明清古建筑的形态，包括建筑规制、材料等。从上下两种迥然不同的建筑风格可以看出，永德会馆在民国二十年改建时，将原有清代会馆厅堂建筑依原样（包括木料及部分瓦片等）叠加在第二层之上，成为清代与民国时期不同建筑的复合体。

从研究福州开埠后至民国时期福州建筑形态的传承与发展角度看，保留现有为数不多的永德会馆这类中西相融的建筑典型，其重要价值不言而喻。

3）精神文化价值

永德会馆是福州诸多会馆中弘扬商帮团结互助、热心公益、造福桑梓等仁德精神的典范。

无论清代原有的永德会馆还是民国二十年重建的永德会馆，均由两邑商人捐资，同心协力而就。会馆的大门及正厅石刻镏金楹联，均以"永德"冠头，体现两邑一体。

永德会馆内供奉本邑爱国华侨像并立碑赞颂，这是在其他会馆内难以见到的。《桃源翁

图4-4-14 主落与侧落平面关系

《李立斋先生传赞》石碑嵌在会馆一楼正厅后墙左下方，文中记载李立斋、李俊承父子出国往南洋及回国均搭乘商船，从福州港进出，并在永德会馆寓居。福州永德会馆重建，李俊承乐捐巨资，贡献颇大。郑玉辉，与李俊承同乡，爱国华侨，有诗作传世；他在福州永德会馆寓居期间，以诗会友，与南台诗社发起人林之夏交情甚笃。林之夏，福州城门人，时任福建省政府参议。会馆供奉桃源翁像并树碑立传，旨在凝聚同仁，崇尚仁德，报效社会。

因此可以说，永德会馆是研究商帮精神文化不可多得的实物资料。

3. 建筑形制

本案将永德会馆分为主落（A区）、侧落（B区），（图4-4-14）共两落三进，坐南朝北。

1）主落（A区）

（1）门墙：为民国时期红砖砌筑门墙，通面阔18.19米，高8.22米，设有三个门洞，中间大门门洞上设置有一块大理石牌匾，榜书"永德会馆"四字。入口大门雨遮外挑，以罗马式圆形花岗石柱支撑。（图4-4-19、图4-4-20）

（2）环廊：共两层，由靠墙体两侧的木楼梯通往二层建筑部分，一层地面为300毫米×300毫米×100毫米青色斗底砖地面，通面阔17.17米，由六根石柱支撑二层钢筋混凝土结构回廊，二层廊配有民国时期砖混制成的宝瓶栏杆。二层为露天环廊，无屋顶结构，面向街道开五处近代玻璃窗。（图4-4-15~图4-4-17）

（3）一进前天井：地面为条石地面，总宽17.17米，总长4230米，天井地面采用中间两条垂带横向铺石的方法铺墁天井。

（4）一进主座：共三层，一进前天井上为一进一层主座，共三步台阶，台阶总宽为2120米。主座一层前廊沿为条石地面，一进主座一层地面为300毫米×300毫米×100毫米青色斗底砖地面，共五开间五柱深，通面阔17.17米，通进深10.82米，两侧梢间由砖墙分隔出两侧厢房，次间有通往二进的门洞，一层柱子均为石柱；由环廊两侧木楼梯通往一进主座二层，二层前檐为雕花木栏杆连廊，前檐为一整排的民国时期玻璃门扇，梢间两侧为不可开启，五开间五柱深，地面为180毫米×30毫米的杉木地板地面，梢间中柱往后为两侧厢房，次间有通往二进的门洞，两侧梢间有凤凰池吊顶，二层柱子均为木柱；由东北侧的木楼梯通往一进

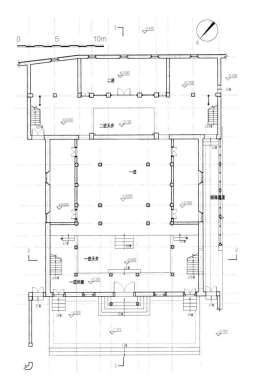

图4-4-15　主落一层平面图

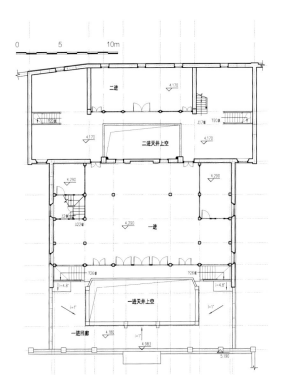

图4-4-16　主落二层平面图

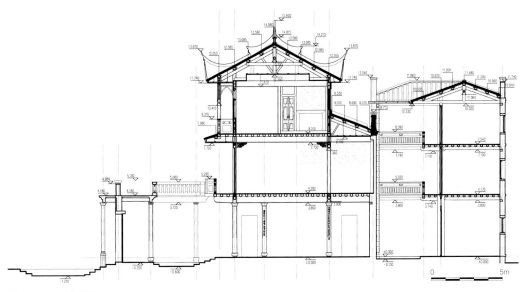

图4-4-17　剖面图

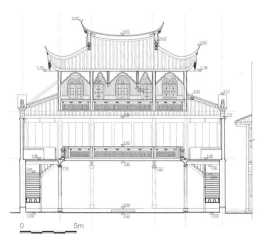

图4-4-18　剖面图

图4-4-19　正立面

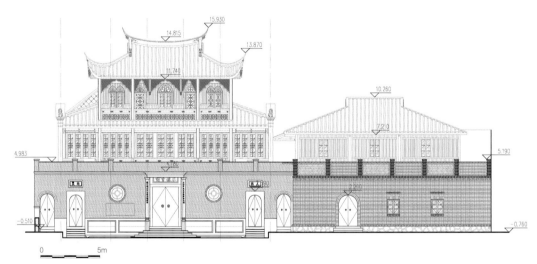

图4-4-20　正立面图

主座三层，三层前廊为雕花木栏杆连廊，木栏杆上有民国时期挂落为饰，前檐为拱形玻璃门窗扇，共三开间，两侧次间分出四间房间，两侧及背面外立面外挂300毫米×300毫米×100毫米的红色斗底砖墙面，一进主座外立面均为双重百叶玻璃窗。三层为两侧歇山带红色斗底砖贴面的歇山顶，二层为四面单坡屋顶。（图4-4-18、图4-4-21、图4-4-22）

（5）二进天井：地面为条石地面，总宽7.02米，总长3.03米，天井地面采用中间两条垂带横向铺石的方法铺墁天井。

（6）二进主座：共三层，一层地面为300毫米×300毫米×100毫米青色斗底砖地面，

图4-4-21　一进主座歇山带红色斗底砖贴面

图4-4-22　红色斗底砖墙面

图4-4-23　二进主座与天井

图4-4-24　二进主座雕花栏杆

图4-4-25　入口空间修缮前后对比

共七开间，通面阔21.59米，通进深8.61米，一层为砖柱，两侧靠墙尽间为通往二层的木楼梯，二层为雕花木栏杆回廊，内有四根木柱，地面为180毫米×30毫米的杉木地板地面，西北侧有通往三层的木楼梯，三层与二层同为雕花木栏杆回廊，内有四根木柱。二进主座屋面为"U"形四坡屋面，由三角屋架支撑，二进主座外立面为近代窗。（图4-4-23~图4-4-28）

2）侧落（B区）

（1）一进天井：地面为条石地面，总宽17.57米，总长8.75米，天井地面采用中间六条垂带横向铺石的方法铺墁天井。

（2）一进主座：共两层，一进前天井上为一进一层主座，共一步台阶，主座一层前廊沿为条石地面，一进主座一层地面为300毫米×300毫米×100毫米青色斗底砖地面，共三开间五柱深，通面阔12.73米，通进深12.24米，内部为整体开敞，由二进天井两侧的木

图4-4-26　环廊空间修缮前后对比

图4-4-27　主落一进主座墙面斗底砖修缮

图4-4-28　主落二进修缮前后对比

图4-4-29　侧落一进主座修缮前后对比

楼梯通往二层，二层同一层，地面为180毫米×30毫米的杉木地板地面，东北侧有通往A区主座的过道，梁架为三角屋架，屋面为四坡屋面。（图4-4-29）

（3）二进天井：地面为300毫米×300毫米×100毫米青色斗底砖地面，总宽17.57米，总长2.29米，两侧有侧落通往二层的木楼梯。

（4）二进主座：共两层，三开间三柱深，一层地面为300毫米×300毫米×100毫米青色斗底砖地面，二层地面为180毫米×30毫米的杉木地板地面，梁架为三角屋架，屋面为三坡屋面。

4. 残损评估

根据中华人民共和国国家标准《古建筑木结构维护与加固技术标准》（GB/T 50165—2020）第四章第一节结构可靠性鉴定第4.1.3条及第4.1.1条相关规定如下：

（1）硋埕里20号（永德会馆）主落（A区）由于局部后期改造，屋面漏水，缝架轻微歪闪，背立面墙体开裂较严重，门窗破损缺失较多，但不至于有马上倒塌的风险，属于Ⅲ类建筑。

（2）硋埕里20号（永德会馆）侧落（B区）由于局部后期改造，屋面漏水，缝架轻微歪闪，门窗破损缺失较多，楼板及砖墙保存较好，不至于有马上倒塌的风险，属于"Ⅲ类建筑"。

5. 保护修缮措施

1）主落（A区）

（1）主落门墙（A区）

部位名称		残损现状	修缮措施
部位	门洞 东入口M2	板门缺失，门洞后期砖墙封堵，后期内设铁门	拆除后期封堵及铁门，全新制安厚板门
	门洞 西入口M2	板门缺失	全新制安厚板门
	门洞 主入口M1	板门缺失，后期内设铁门，入口台阶后期改为水泥坡地	铲除入口后期水泥坡地，拆除后期铁门，全新制安厚板门
	墙身 下碱	高0.88米，石下碱集满杂质表层风化	高0.88米，清理石下碱杂质及表层风化
	墙身 墙身	局部后期开挖墙身较浅，墙身后期粉刷，一层石窗洞后期被封堵	填补后期开挖墙身，清理墙身后期粉刷，拆除一层石窗洞后期封堵
	雨遮 雨遮	钢筋混凝土结构，雨遮多处后期青苔生长繁茂	钢筋混凝土结构，清理雨遮多处后期青苔
	石柱 石柱	材质为大理石，表面局部积尘	按原样保存

（2）环廊（A区）

部位名称		残损现状	修缮措施
部位	地面 一层	后期100毫米厚水泥砂地面覆盖	铲除后期水泥地面，重新铺墁300毫米×300毫米×30毫米红色斗底砖地面，全新制安上主座台阶
	地面 二层	水泥砂地面，排水沟积尘较严重	水泥砂地面，清理排水沟积尘
	梁架 石柱	材质为大理石，表面局部积尘	按原样保存
	梁架 梁架	钢筋混凝土梁架，现状保留较好	钢筋混凝土梁架，按现状维修
	墙身 内墙面	多处后期粉刷墙面	清除后期墙面粉刷
	楼梯 木楼梯	西南侧木楼梯缺失，东北侧木楼梯保留较完好，局部轻微残损	全新补配制安西南侧木楼梯缺失，东北侧木楼梯按现状加固维修
	装修 窗	局部后期改造门洞，窗扇多处残损严重	按原样修复
	装修 栏杆	多处后期残损缺失	参照残留部分按设计样式全新制安

（3）一进天井（A区）

部位名称		残损现状	修缮措施
部位	地面 天井条石地面	后期搭建砖柱及屋盖，条石地面保留较完好，局部轻微移位	拆除后期搭建砖柱及屋盖，条石地面全部调平归位处理
	地面 廊沿石	保留较完好，局部轻微移位	保留现状，调平归位

（4）一进主座（A区）

部位名称			残损现状	修缮措施
部位	地面	一层	后期水泥砂地面覆盖，局部凹陷致地面不平	铲除后期水泥砂地面，重新铺墁300毫米×300毫米×30毫米红色斗底砖地面
		二层	断面180毫米×30毫米杉木地板，地面局部漏雨糟朽残损约60%	断面180毫米×30毫米杉木地板，地面全新铺设制安60%
		三层	断面180毫米×30毫米杉木地板，地面局部漏雨糟朽残损约60%	断面180毫米×30毫米杉木地板，地面全新铺设制安60%
	梁架	石柱	材质为大理石，表面局部积尘	按原样修复
		木柱	局部木柱糟朽柱身开裂	按原样修复
		梁、枋	局部轻微歪闪，保留较好	加固，打牮拨正处理
		楼楞	局部楼楞糟朽	补配缺失糟朽严重的楼楞
		檩条	二层后侧屋面改造一通道致檩条缺失，其余局部檩条轻微糟朽	补配缺失糟朽严重的檩条
	墙体	灰板壁	因后期改造，局部灰板壁缺失残损较严重	全新补配制安缺失残损较严重的灰板壁
		墙身	砖墙保留较好，女儿墙后期抹灰，局部残损约30%	砖墙保留较好，清理女儿墙后期抹灰
		内墙面	局部后期抹灰	清理局部后期抹灰
	屋面	瓦件	瓦件规格为240毫米×230毫米×10毫米，瓦件移位、风化、碎裂残损约30%	瓦件规格为240毫米×230毫米×10毫米，全新更换瓦件约80%，其中更换挂瓦100%
		望板	望板规格为100毫米×10毫米斜缝铺钉，多处后期改造漏雨糟朽100%	望板规格为100毫米×10毫米斜缝铺钉，全新制安100%
		椽条	椽条规格为100毫米×35毫米，多处后期改造漏雨糟朽100%	椽条规格为100毫米×35毫米，全新制安密铺95%
		封檐板	封檐板糟朽严重	封檐板全部全新补配制安
	楼梯	楼梯	二层通往三层的木楼梯为民国时期改造，但保留较完好	二层通往三层的木楼梯为民国时期改造，保留现状，按现状加固维修
	装修	栏杆	二层前檐雕花木栏杆缺失，三层木栏杆局部残损30%	补配全新制安二层前檐雕花木栏杆，三层木栏杆按现状加固维修
		木装修	窗扇多处残损严重	按原样修复

（5）二进天井（A区）

部位名称			残损现状	修缮措施
部位	地面	天井条石地面	后期水泥地面覆盖整个天井地面	铲除后期水泥地面，按设计样式全新制安天井条石地面
		廊沿石	后期水泥砂地面覆盖	按设计样式全新制安，厚度为150毫米

（6）二进主座（A区）

部位名称			残损现状	修缮措施
部位	地面	一层	后期水泥砂地面覆盖，局部凹陷致地面不平	铲除后期水泥砂地面，重新铺墁300毫米×300毫米×30毫米红色斗底砖地面
		二层	断面为180毫米×30毫米杉木地板地面，局部漏雨糟朽残损约60%，后期天井处加盖楼板楼面	断面为180毫米×30毫米杉木地板地面，全新铺设制安60%，拆除后期天井处加盖楼板楼面
		三层	断面为180毫米×30毫米杉木地板地面，局部漏雨糟朽残损约60%	断面为180毫米×30毫米杉木地板地面，全新铺设制安60%
	梁架	木柱	局部木柱糟朽柱身开裂	按原样修复补配
		梁、枋	局部轻微歪闪，保留较好	加固打牮拨正处理
		楼楞	局部楼楞糟朽	补配缺失糟朽严重的楼楞
		檩条	东侧背立面角落处檩条局部坍塌糟朽严重，其余局部檩条轻微糟朽	补配缺失糟朽严重的檩条
	墙体	灰板壁	因后期改造，局部灰板壁缺失残损较严重，详勘测图纸	全新补配制安缺失残损较严重的灰板壁
		墙身	背立面轴1至轴9段墙体局部开裂较严重	重新砌筑背立面开裂段的墙体
		内墙面	局部后期抹灰	清理局部后期抹灰
	屋面	瓦件	瓦件规格为240毫米×230毫米×10毫米，瓦件移位、风化、碎裂残损约30%	瓦件规格为240毫米×230毫米×10毫米，全新更换瓦件约80%，其中更换挂瓦100%
		望板	望板规格为100毫米×10毫米斜缝铺钉，多处后期改造漏雨糟朽100%	望板规格为100毫米×10毫米斜缝铺钉，全新制安100%
		椽条	椽条规格为100毫米×35毫米，多处后期改造漏雨糟朽100%	椽条规格为100毫米×35毫米，全新制安密铺85%
		封檐板	封檐板糟朽严重	封檐板全部全新补配制安
	楼梯	楼梯	东北侧一层木楼梯缺失，其余木楼梯均多处残损，二层天井处后期加设楼梯	全新补配制安东北侧一层木楼梯，其余木楼梯均按现状加固维修处理，拆除二层天井处后期加设楼梯
	装修	栏杆	二层回廊雕花木栏杆缺失，三层木栏杆局部残损30%	全新补配制安二层回廊雕花木栏杆，三层木栏杆按现状加固维修
		木装修	窗扇多处残损严重	按原样修复

2）侧落（B区）
（1）一进天井（B区）

部位名称			残损现状	修缮措施
部位	地面	天井条石地面	前天井沿街立面已后期全新制安，后期搭建建筑已被拆除，天井后期水泥地面抬高至与主座同水平线	前天井沿街立面已后期全新制安，后期搭建建筑已被拆除，按设计样式全新制安天井条石地面
		廊沿石	已缺失	按设计样式全新补配制安，150毫米厚

（2）一进主座（B区）

部位名称		残损现状	修缮措施
部位	地面 一层	后期水泥砂地面覆盖，局部凹陷致地面不平	铲除后期水泥砂地面，重新铺墁300毫米×300毫米×30毫米红色斗底砖地面
	地面 二层	断面为180毫米×30毫米杉木地板地面，局部漏雨糟朽残损约60%	断面为180毫米×30毫米杉木地板地面，全新铺设制安60%
	梁架 木柱	局部木柱糟朽柱身开裂	按原样修复
	梁架 梁、枋	局部轻微歪闪，保留较好	加固打牮拨正处理
	梁架 楼楞	局部楼楞糟朽	补配缺失糟朽严重的楼楞
	梁架 檩条	局部檩条轻微糟朽	补配缺失糟朽严重的檩条
	墙体 墙身	砖墙保留较好，前天井处女儿墙局部坍塌损毁	砖墙按现状加固维修，全新制安前天井处坍塌损毁部分的女儿墙
	墙体 内墙面	局部后期抹灰	清理局部后期抹灰
	屋面 瓦件	瓦件规格为240毫米×230毫米×10毫米，瓦件移位、风化、碎裂残损约30%	全新制安瓦件85%，其中更换挂瓦100%
	屋面 望板	望板规格为100毫米×10毫米斜缝铺钉，多处后期改造漏雨糟朽100%	全新制安100%
	屋面 椽条	椽条规格为100毫米×35毫米，多处后期改造漏雨糟朽100%	椽条规格为100毫米×35毫米，全新制安密铺95%
	屋面 封檐板	封檐板糟朽严重	封檐板全部全新制安
	楼梯 楼梯	已全部缺失	按设计样式全新制安
	装修 栏杆	二层通往A区木栏杆残损较严重	全新制安二层通往A区木栏杆
	装修 木装修	窗扇多处残损严重	按原样修复

（3）二进天井（B区）

部位名称		残损现状	修缮措施
部位	地面 天井条石地面	后期水泥地面覆盖整个天井地面	清理后期水泥地面，重新铺墁300毫米×300毫米×30毫米红色斗底砖地面
	地面 廊沿石	后期水泥砂地面覆盖	按设计样式全新制安，150毫米厚
	屋面 覆龟亭	现有覆龟亭为后期搭盖，残损较严重	按设计样式全新补配制安覆龟亭

（4）二进主座（B区）

部位名称			残损现状	修缮措施
部位	地面	一层	后期水泥砂地面覆盖，局部凹陷致地面不平	铲除水泥砂地面覆盖，重新铺墁300毫米×300毫米×30毫米红色斗底砖地面
		二层	断面为180毫米×30毫米杉木地板地面，局部漏雨糟朽残损约60%	断面为180毫米×30毫米杉木地板地面，全新铺设制安60%
	梁架	木柱	局部木柱糟朽柱身开裂	按原样修复
		梁、枋	局部轻微歪闪，保留较好	加固打牮拨正处理
		楼楞	局部楼楞糟朽	补配缺失糟朽严重的楼楞
		檩条	局部檩条轻微糟朽	补配缺失糟朽严重的檩条
	墙体	墙身	砖墙保留较好	按现状加固维修
		内墙面	局部后期抹灰	清理局部后期抹灰
	屋面	瓦件	瓦件规格为240毫米×230毫米×10毫米，瓦件移位、风化、碎裂残损约30%	全新制安瓦件85%，其中更换挂瓦100%
		望板	望板规格为100毫米×10毫米斜缝铺钉，多处后期改造漏雨糟朽100%	全新制安100%
		椽条	椽条规格为100毫米×35毫米，多处后期改造漏雨糟朽100%	椽条规格为100毫米×35毫米，全新制安密铺95%
		封檐板	封檐板糟朽严重	封檐板全部全新制安
	楼梯	楼梯	已全部缺失	全新补配制安
	装修	栏杆	天井处木栏杆残损较严重	天井处木栏杆按现状加固维修
		木装修	窗扇多处残损严重	按原样修复

第五节　寺观塔幢

一、报恩定光多宝塔

1. 历史概况

报恩定光塔寺俗名白塔寺，又名"万岁寺"。唐天佑元年（公元904年）闽王王审知为亡过父母超度冥福而创塔建寺。传说在辟基时，发现一颗光芒四射的宝珠，塔取名为"报恩定光多宝塔"。初建的塔七层八面，砖砌轴心，外施木构，通高240尺（约80米）。寺原以

图4-5-1 西立面图

图4-5-2 南立面图

图4-5-3 北立面图

塔为中心，依山起伏，周围环建殿宇、僧房及廊屋36间，为五代福州名寺之一。梁开平元年（公元907年）为祝贺朱温称帝，改名万岁寺。宋代，改塔西北殿宇为闽县县衙。明嘉靖年间，倭寇围城，主要殿宇多毁。明嘉靖十三年（1534年）塔被雷火焚毁，经乡绅龚用卿、张经等出面募缘，于嘉靖二十七年（1548年）重建。清道光年间（1782~1850年）重修，坐北朝南，砖轴心改为塔身，七层八角葫芦状塔刹，高78米。塔外表素面，涂上白灰，俗称"白塔"，塔身内设挂柱悬梯，盘旋登顶，榕城景色尽收眼底。1958年重修，更换木柱悬梯，1963年整理塔周环境，发现遗存的塔埕周边八角女墙，各面外侧均有石雕刻，内容为海国神话、狮子、牡丹等，疑为唐塔塔基的须弥座束腰，逐原地砌立保护。1962年公布为市级文物保护单位。1991年公布为省级文物保护单位，保护范围东至戚公祠围墙，西至新泉路，南至古田路，北至太平巷。建设控制地带为保护范围外延伸50米，三山两塔范围内控高24米。

2. 建筑形制

报恩定光多宝塔位于白塔寺北侧，坐北朝南，偏东4°，塔占地面积45815平方米，建筑面积1173.22平方米。塔身外围一圈八角形须弥座女墙，每个边长9.74米，高0.63米，上覆压顶石，外层墙面均有石雕刻，1962年考古时勘定为唐代初建时的基座。女墙至塔基间有4.97米宽天井石铺面的塔坦。平削方整的八角形塔基由阶条石砌成，各边长5.13米，露明处高0.16米，阶条石立面略有束腰，刻如意卷草纹，明代气息较为浓郁。塔身共八角七层，木制框架、墙砌塔体，表层粉壳灰（现为粉水泥砂浆，刷白色涂料）。每层外侧转角处各有一柱砖柱（勘察分析内包镶木柱），各面均有圆券顶的神完，顶部叠涩出挑砖拱，支承顶部石制飞檐盖板，二层以上外廊砖砌女墙（栏杆），高度0.74~0.63米，为安全计，后期每层均加高一圈铁艺栏杆；一层墙体厚4.13米，每层向上收分，至顶层墙厚2.45米；内侧墙面粉壳灰，塔内部中空，由于木构梁与砖墙体紧密的结合，具有稳定性，在各柱上嵌插支承拱，采用挂柱式的层层搭接的木楼梯盘旋而上，一层有十六级，二至七层均有十八级，宽度1.36~0.72米，向上收分。塔身由一层南侧设入口，其余三面均设有圆券顶的神完（以上各层皆相类似），二层北侧出口，三至七层的每个出口均旋转900毫米；塔帽高2.35米，顶部斜铺石制仿瓦垄的盖板。顶部铜制覆钵葫芦塔刹，中部周围各焊接牵引一根生铁打制的铁链连接至各俄脊顶部；塔刹的西侧附着一根后期制安的避雷钉通过外墙面连接地表。（图4-5-1~图4-5-5）

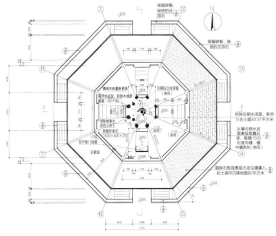

图4-5-4 一层平面图

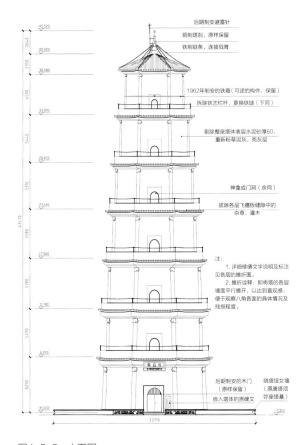

图4-5-5 立面图

3. 价值评估

报恩定光多宝塔于唐代创建，明代重建，各个历史时期的建筑共存，共积淀了一千多年的历史信息，是福州的标志性建筑之一，具有浓厚的历史文化底蕴。现仅存清乾隆三十八年（1773年）孟超然所撰《重修定光塔记》一碑，嵌塔一层人口。其余的资料有：建塔之初黄滔撰有《大唐报恩定光多宝塔修缮工程碑记》、元黄镇成撰有《重修定光塔铭》、明龚用卿撰有《万岁寺定光塔铭》、曹学佺撰有《定光塔铭》，今皆佚，留有文字资料。唐代实物遗存须弥座塔基，青石浮雕"海国神话"内容丰富，形象生动，雕刻精美。它颂扬了唐五代闽王王审知执行开放政策，招徕海外商贾，与各国友好交往，发展福建海外贸易的繁荣景象。塔主体属于多层砖木结构楼阁式的塔类建筑，其建筑在稳固的台基上，以穿斗式木构架为骨架，再砌砖墙，包裹梁架；塔的形状为八角形，使其内柱网有近乎圆形的优势，在柱上安装木构的悬梯，采用环环搭扣的支承栱连接柱与望柱，上铺楼板，形成阶梯，每级楼梯运用榫卯结构合理地结合在一起，盘旋而上，通达各层。其整体结构防震度合理，基本处于"动而不损，摇而不坠"的相对稳定状态，形成了木构与砖砌体的科学完美结合。该塔为福建省内体量最大、时间最早的砖木楼阁式古塔，是研究本地区塔类建筑不可多得的实物资料，具有很高的历史、艺术及科学价值。

4. 残损评估

1）历次维修情况

根据地方性史志、嵌塔铭刻记载，塔从初建至今千余年来，受自然气候灾害、人为因素等影响，造成过不同程度的残损，在历代均有过修缮、加固，资金主要靠乡里人集资或官银，形制上保持了明代风格。

唐天佑元年（公元904年），闽王王审知为亡过父母超度冥福而创塔建寺。初建的塔"七层八面，方七十七尺，高二百尺。悬轮之铎一百九十，悬层之铎五十有六；

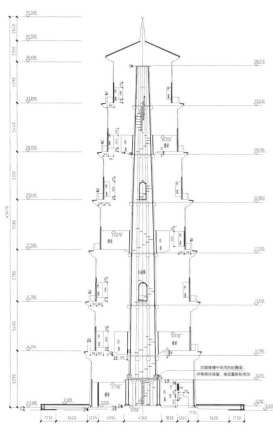

图4-5-6　剖面图

角瓦之神五十有六。其内，门门面面绘以金像，不可胜数。"

明嘉靖十三年（1534年）塔被雷火焚毁。嘉靖二十七年（1548年）重建，改为内木外砖，以灰堊饰，故称"白塔"。高约十二丈，其中梯作螺旋形。

崇祯十六年（1643年）、清康熙四十一年（1702年）、乾隆三十八年（1773年）、光绪二十四年（1898年），先后各有重修。

1958年重修，更换内部木柱悬梯。

1963年整理塔周边环境，发现遗存的塔埕周边八角女墙，各面外侧均有石雕，内容为海国神话、狮子、牡丹等，疑为唐塔塔基的须弥座束腰，遂原地砌立保护。

2003年之后，对塔进行过多次修缮，主要是对塔身进行墙面粉刷、挖除树木病害、加固内部楼梯、加固各层外走廊栏杆以及在塔身上安装夜景灯光等。

2）残损评估

根据现场勘察及现存文字资料参考分析，该古建筑重建已有478年的历史，传承的历史信息（按初建的塔埕女墙计）已有1000多年的历史，后历代均有过不同程度的修缮。建筑内部未遭到较大的拆改，平面布局清晰。

建筑属多层砖木结构楼阁式塔类建筑。该建筑大木结构基本处于相对稳定状态。柱子分为外柱与内柱，外柱被砖墙及粉刷层包裹，无法探知真实情况；内柱较为粗大，表层多有虫蛀、糟朽，且接近半数在柱头部分采用砖砌体嵌入墙体的墩接方法；梁隐蔽于墙体内，露于柱外的榫头部分多糟朽；枋保存较好；安装在内柱的旋转楼梯虽经后期修缮，属于临时加固的做法，局部还采用木构件牵拉，沉降、歪闪现象严重；台基、墙体结构稳定，地表与墙表后期运用了不可逆的水泥，存在一定的隐患；各层飞檐及塔帽结构稳定，不存在漏水现象。总之，后期对该建筑的修缮做法与文物保护的规定存在诸多相悖，影响建筑外观风貌统一和美观。（图4-5-4~图4-5-18）

根据中华人民共和国国家标准《古建筑木结构维护与加固技术标准》（GB/T 50165—2020）第四章第一节结构可靠性鉴定第4.1.3条及第4.1.4条相关规定鉴定该建筑为"Ⅲ类建筑"，即：建筑承重结构中关键残损点或其组合已影响结合安全和正常使用，有必要采取加固或修理措施，但尚不致立即发生危险。

图4-5-7　塔埕女墙内侧抹水泥面

图4-5-8　塔埕北侧女墙压顶石破裂

图4-5-9　东侧女墙压顶石破裂

图4-5-10　外墙皮空鼓较多

图4-5-11　内墙面起翘严重

图4-5-12　地表水泥抹面，堆满垃圾

图4-5-13　后期制作混凝土及平台支撑

图4-5-14　后期圈梁

图4-5-15　旋梯上钉挂较多杂物、电线

图4-5-16　木梯上后期加固木条

图4-5-17　外廊栏杆表皮破损

图4-5-18　外墙裂缝较多

5. 保护措施

根据《中华人民共和国文物保护法》《文物保护工程管理办法》等法规的规定及维修分类，结合福州报恩定光多宝塔的保存现状，本次维修属于修缮工程。即为保护文物本体所必需的结构加固处理和维修，包括结合结构加固而进行的局部复原工程。

1）木构件修缮做法

序号	构件名称	残损现状	修缮说明	备注
1	梁、枋	10毫米≤劈裂裂缝宽度≤20毫米，长不超过1/2L（长度），深不超过1/4B（宽度）时	用干燥旧木条嵌补，用结构胶粘牢，视具体情况确定是否加铁箍：结构胶为改性环氧树脂，根据使用调整配比，区别室内外环境及木材的要求	结构胶为改性环氧树脂，根据使用高速配比，区别室内外环境及木材的要求
		劈裂裂缝宽度>20毫米，长、深均超过前条时	除嵌补外，须加铁箍1~2道，宽50~100毫米，厚3~4毫米	
		糟朽深度≤20毫米时 糟朽深度>20毫米时	现场进行防腐处理 视具体情况剔补拼接	墙内木构件、檐部木构件及新换的木构件均须进行防腐处理，防腐处理详见设计说明
		梁作为连接内、外柱而被隐蔽于砖墙体的转角中，仅露出柱头的出榫部分，且多数糟朽	在拆卸柱子后。剔除糟朽部分，因施工中存在一定难度，故采用墩接的办法，新接的梁原则上应为原长度的1/3，并用梢木将其在墙体中嵌实	由于未能充分探明。仅按地方做法推测，梁的截面为：360毫米×180毫米
		枋木表层保存较好	在更换柱子时，可能会引起枋木的残损，只能在施工中予以现场确认后再另定更换或修补	详见相关设计图中的各层摊折图
2	柱	10毫米<劈裂裂缝<20毫米时	用干燥旧木条嵌补，用结构胶（改性环氧树脂）粘牢	
		劈裂裂缝<20毫米时	除粘补外还须加铁箍1~2道，宽80~100毫米，厚3~4毫米；铁箍应嵌入柱内，使其外皮与柱外皮平齐	
		裂缝宽度<30毫米时	除采用木条填塞粘接外，应在柱的开裂段内加设铁箍2~3道，若裂缝较长，则箍距不应大于500毫米	
		柱根糟朽严重，高度不超过1/3H时	用干燥旧木料应用抄手榫墩接木柱，并加铁箍1~2道，宽80~100毫米，厚3~4毫米	全部柱子进行防腐防虫处理
		柱心完好仅表面糟朽，面积小于1/5时	应剔除糟朽部位，用同种木材依原样加工后，用环氧树脂粘接补齐	柱心中空按设计用树脂加固

续表

序号	构件名称	残损现状	修缮说明	备注
2	柱	内侧柱子在后期的修缮中，柱头至枋间有嵌入墙体的砖砌体墩接	拆除砖砌体，更换柱子，并处理好与梁之间的榫卯衔接。在更换时应做好未拆除构件的防护及支顶工作	柱子有一半嵌入墙体内，并支承挂梯的拉力，若不更换，无法承受梁的牵拉
3	木楼梯	后期修缮中表层加钉了一层木板，数处支承拱改用混凝土制插入柱中，局部歪闪，用木条临时支顶加固	拆除后期加钉的面板，对原有板进行修补。对部分几近垮塌的进行更换，糟朽的构件予以修补。在更换时应做好未拆除构件的防护及支顶工作	各层楼梯的残损较相似。详见相关设计图中各层摊折图及大样图。维修时应做好防腐防虫处理
4	木门窗	一层木门后期更换，保存较好	原样保留	
		一层佛龛中的木漏窗，木框多有糟朽，圆形铸铁条表层有锈斑	更换糟朽木框，圆形铸铁条予以更换	详见相关设计图

注：1. 新构件所需木材均采用一级"福杉"；2. 木材防腐处理专项的基本方法是：表层刷桐油二遍

2）墙体墙面修缮做法

序号	构件名称	残损现状	修缮说明	备注
1	墙身	表层较潮湿，各层内外墙皮空鼓、开裂较多，局部剥落：历年修缮累积厚度达60毫米，分别有草泥层、壳灰层、水泥砂浆层等，最近一次修缮中使用腻子粉、现代白色涂料刷面，处于亚健康状况，短期内不会有大的影响	铲除表层60毫米水泥砂浆层，露出砖墙糙面。用水浇后底层粉砌草泥灰层。面层粉壳灰砂浆，并用钢抹抹光	详见相关设计图中各外侧摊折图（每层情况相仿）。做法见相关修缮设计图

注：在拆除依附在墙体上的混凝土圈梁、水泥坪及砖砌体墩接时，应密切观测墙体的动态，做好墙体的修补，发现险情及时加固维修

3）台基地面

序号	构件名称	残损现状	修缮说明	备注
1	室内（外）地面	各层地表、通道、走廊均水泥抹面	拆除水泥层，制作三合土地面。做法：拌三合土时先把黄土倒进水里浸后搅拌，后把黄土膏掺入壳灰、壳灰碴中，再把地面搞平夯实，高度为8～9厘米，作为拼接三合土地面用，后把拌好的三合土铺在地面上，地面厚度整平分二到三次，然后用小硬木以人力五梅花式铺筑，筑实后第二次上土直到水平	根据现状，台基地面均为三合土层。三合土主要取材于壳灰、壳灰碴、黄土。三合土是用于结合材料的一种灰浆，其成分通常有生壳灰、糯米糊及乌糖汁，比例是2：3，灰2份，其他占3份

注：一层地面更换的两块阶条石表层均二凿，并做旧处理

6. 结语

报恩定光多宝塔的保护修缮施工应最大限度保持文物实物遗存、历史信息和价值，以现状维护为修缮的主导思想，不采取过多干预，对塔本身须修复的部位应着眼于地方特征，采用福州地方工艺和材料。

二、龙瑞寺

龙瑞寺位于福建省福州市仓山区城门镇梁厝村，位于福州地貌典型的河口盆地，盆地四周被群山峻岭所环抱，其海拔多在600～1000米之间。东有鼓山，西有旗山，南有五虎山，北有莲花峰。境内地势自西向东倾斜。龙瑞寺所在梁厝村以东350米处有闽江，是福建省最大的独流入海（东海）河流。

1. 历史概况

龙瑞寺于唐天复元年（公元901年）始建，宋元丰年间与清光绪年间先后重修。宋元丰五年（1082年），原来分别矗立在龙瑞寺"塔院"东西两侧的陶制双塔烧制成功，双塔烧制人均为工匠高成，东塔（庄严劫千佛宝塔）为龙瑞寺院僧所募建；西塔（贤劫千佛宝塔）系闽县永盛里当地人郑富兴妻子谢氏所舍造。

龙瑞寺内现存石槽、石盆、甘泉井等宋代石雕文物，多刻有"绍兴乙丑""绍熙癸丑"等铭文。清光绪十六年（1890年）龙瑞寺重修，在大雄宝殿东墙留下《重建龙瑞寺碑序》："寺始建于唐天复元年，中祀三宝，前列牟尼，左祀高王大士，右祀谷神暨灵君。前之左则文昌帝君在焉，前之右则南境尊王山神并列焉。其神位所在固昭然也。至于自堂而下，则有无量宝塔列于两旁，与钟鼓楼对峙。自堂而廪庑之外，左有放生池，右有甘泉井；岂特修竹环其旁，茂林围其后已哉！"

清光绪十九年（1893年），龙瑞寺重修。清光绪年间，谢章铤著《赌棋山庄诗集》，有《龙瑞寺塔歌》跋曰："寺在会城南门外四十余里，唐中叶建，塔在寺庭，高过佛殿之半，合瓷泥为之，瓦檐佛像花卉，皆作绀色，上以铁釜复之，共九层八角，角广三尺有奇。下有志云，元丰二年造。闻诸故老云：昔有贾客泛舟西洋，令洋人为之，载之以归，非中土物也。明倭寇至其地，将毁之火光迸发，惧而止。今其基似有刀斧痕。塔久似有欲倾之势，然左望则倾右，右望则倾左，不知何故也？"。

民国十三年（1924年），龙瑞寺重建。

1941年，日本侵略军来到梁厝乡，架梯上塔，击断顶端塔刹（铁釜），取走陶塔上的装饰和塔檐下的144尊佛像以及塔铎（铃铛）。

1961年，龙瑞寺大殿被列为县级文物保护单位；千佛陶塔被列为福建省第一批省级文物保护单位。1972年，鉴于龙瑞寺的人文和自然环境不能很好地保护"陶制双塔"，"双塔"移到鼓山涌泉寺的天王殿前。宝葫芦塔刹和陶制铃铎由长乐陶瓷厂新烧制补齐。1983年8月，龙瑞寺大殿被列为福州市文物保护单位。2001年1月，福建省人民政府公布龙瑞寺大殿为第五批省级文物保护单位。2010年11月，龙瑞寺大雄宝殿重修。

2009年11月16日，福建省人民政府发《福建省人民政府关于公布第五批省级文物保护单位及其保护范围的通知》（闽政文〔2009〕375号），公布了龙瑞寺大殿的保护范围。保护范围为建筑四周向外延伸100米。《福建省文化厅 福建省住房和城乡建设厅关于公布省级以上文物保护单位建设控制地带的通知》（闽文物〔2016〕62号）公布了龙瑞寺大殿的建设控制地带，为自保护范围边界向东延伸10米，向西延伸10米，向南延伸10米，向北延伸10米。

2. 建筑形制与价值评估

1）建筑形制

龙瑞寺建筑群坐北朝南，占地面积约3348.82平方米，建筑面积约2612.05平方米。整个建筑群由天王殿、大雄宝殿、观音阁、东西厢房、斋堂、僧舍、卫生间等组成，建筑群平面布局较为对称，中轴线上为山门、天王殿、大雄宝殿、观音阁，其东西两侧为东西厢房、斋堂、僧舍、卫生间等，四周以封火山墙围合，为典型寺院格局。（图4-5-19～图4-5-23）寺院布局严谨，规模宏大，气势恢宏。其中大雄宝殿为省保单位（2001年公布），其余建筑为非文物建筑，位于文物建筑的保护范围内。非文物建筑占地面积约2717.65平方米，建筑面积约2303.01平方米。

2）价值评估

龙瑞寺千年古刹，始建于唐天复元年（公元901年），比鼓山涌泉寺还要早7年。其建筑结构形式富有地方特点，布局严谨，规模宏大，是福州地区仅存的唐代古寺之一，是研究中国地方历史文化发展的实物见证，同时也是研究唐、宋、清代建筑的重要实例。

（1）历史价值

大雄宝殿的"八蛮贡象"浮雕，表现的是闽王王审知对外开放港口，与外商友好往来，促进经济贸易繁荣发展的历史内容。梁厝村靠近闽

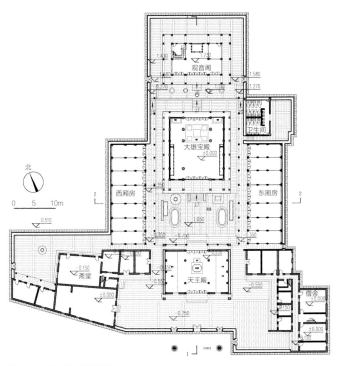

图4-5-19　平面布置图

图4-5-20　1-1剖面图

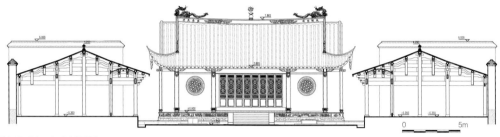

图4-5-21　2-2剖面图

图4-5-22　整体鸟瞰

图4-5-23　大殿立面

江，古时还有渡口和码头，也是福州海上丝绸之路的一个口岸。"八蛮贡象"石雕，表现的正是处于海上丝绸之路上的梁厝村对外贸易交流的场景。大雄宝殿殿基束腰处的石刻为唐代原件，殿内瓜棱柱为宋代遗存，方形檐柱为清代遗存（图4-5-24、图4-5-25、图4-5-33）。塔院里的大石槽、石盆、石井等都是宋代古物。这些都是研究地方历史文化发展演变的实物见证。龙瑞寺具有一定的典型性，为研究仓山区古代庙宇、宗教文化提供了实物参考。

（2）艺术价值

大殿文物建筑与附属文物都具有很高的艺术价值。形制、装饰艺术反映了地方建筑风

图4-5-24　大殿须弥座

图4-5-25　须弥座后加防护现状

图4-5-26　阴阳井现状

图4-5-27　大殿前天井石槽现状

格，彩塑等文物也透视了历代的建造工艺技术水平和审美观点。大雄宝殿基座上镶有十二面古代青石浮雕，分列石阶两边，从东到西依次是：双狮戏球、荣华富贵、椿萱双禄、怜子爱妻、封侯挂印、鲤跳龙门、士子游春、海族献宝、花荣枝茂、龟鹤同寿、四季长春、八蛮贡象等，富有晚唐时期的生活和艺术特征。

（3）科学价值

一般寺庙大殿主柱多为圆柱，而龙瑞寺大殿为独特的瓜棱形，其中大殿内有6根高达4米、周长近2米的瓜棱形石柱，在福州地区古建筑中保存如此完好的十分罕见，反映出宋代的建筑技术水平具有较高的科学价值。大雄宝殿前有两口古井，其中一口井水清澈，另一口井水浑浊，被当地人称为"阴阳井"，但清浊之因至今成谜，具有较高的科学研究价值。（图4-5-26）

（4）社会价值

大殿作为梁厝村延续千年的珍贵文物，是宣传梁厝村历史文化、增强居民自豪感和认同感的重要宣传教育基地，具有重要的教育与情感意义。在1982年落实宗教政策，恢复爱国宗教组织的活动中，龙瑞寺得到了回国寻根拜祖的宗教界人士觉华法师的捐款4万余元，用于修缮龙瑞寺大雄宝殿，促进了国际宗教界的友好往来，发挥了龙瑞寺在国际交往中的重要作用，具有较高的社会价值。梁厝龙瑞寺大殿对于梁厝村发展旅游业，提升地区知名度，带动综合经济的发展有着巨大推动力，具有较高的经济与旅游意义。（图4-5-27）

（5）文化价值

梁厝龙瑞寺在福州宗教历史与民间信仰中占有重要的历史地位，是研究闽台地区佛教发展传播的重要实物。梁厝龙瑞寺周边的自然环境以及与梁厝村的历史渊源等人文环境也为龙瑞寺赋予了更深的文化内涵，其突出的文化价值也得到了体现。

3. 现状残损勘察评估

1）文保建筑龙瑞寺

大殿存在的问题主要有：

（1）屋面后期维修时，板瓦稀铺，局部渗漏，橡板、望板大量泛白且上皮糟朽，木构架受潮，局部变形，屋脊及彩绘残损；（图4-5-33）

（2）地面三合土局部残破；大殿地面后期改为缸砖地面。（图

图4-5-28　大殿石踏跺保存较好

图4-5-29　大殿地面改建为斗底砖现状

图4-5-30　大殿明间东侧缝架整体保存较好

图4-5-31　大殿明间缝架保存较好

图4-5-32　屋面残损现状

图4-5-33　大殿前檐石瓜棱柱现状

4-5-28~图4-5-32）

通过本次对龙瑞寺大殿的勘察，应及时进行全面维修。

龙瑞寺大殿整体格局基本完整，大木构架大部分基本完好，现存单体建筑构架的安全问题，根据中华人民共和国国家标准《古建筑木结构维护与加固技术标准》（GB/T 50165—2020）第四章第一节结构可靠性鉴定第4.1.3条及第4.1.4条相关规定，鉴定为"Ⅱ类建筑"。

2）周边环境

（1）山门及天王殿

山门为1984年改造的混凝土结构，庑殿顶，琉璃瓦墙面，只有入口处民国时期的"龙瑞古刹"石匾额保存基本完好（图4-5-34）。天王殿供奉弥勒佛、韦陀佛及四大金刚，屋面高度高于大殿屋面高度，不符规制；它于2001年改建为混凝土结构，双坡硬山顶，天王殿东西两侧的走道屋面为后期改建的双坡排水木结构，屋檩直接搁置山墙上（图4-5-35）。大殿西侧有清光绪重修功德碑。天王殿内的地面为缸砖地面，其余基本被改为水泥砂，前天井部分为石板地面及河卵石地面。

（2）观音阁

现存的观音阁于1990年奠基，为二层阁楼，重檐歇山顶，面阔三间，进深五柱，卷棚式游廊，穿斗式木构架，整体梁架及木门窗等保存基本完好，局部糟朽，观音阁一层地面为

图4-5-34　山门改建现状，石匾额保存较好

图4-5-35　天王殿明间缝架改建现状

图4-5-36　观音阁前檐立面现状

图4-5-37　观音阁二楼明间缝架保存较好

图4-5-38　厢房屋檐后期改建

图4-5-39　斋堂外立面现状

缸砖地面，两侧游廊及前后檐为水泥砂地面，二层为木楼板，保存基本完好。院墙被后期改造，墙厚260毫米。（图4-5-36、图4-5-37）

（3）东西厢房及廊道

东西厢房及廊道均为1984年的双坡或单坡排水屋面结构，前檐柱为后期改建的混凝土柱，只有石柱础保存基本完好。东西厢房室内为缸砖地面，廊道的石板残损约70%，院墙被后期改造，墙厚260毫米。（图4-5-38）

（4）斋堂部分

斋堂为1984年建设的两个双坡排水木结构屋面，为两个三角屋架并排布置，院墙为后期改造，墙厚260毫米。（图4-5-39）地面为水泥砂地面。斋堂东侧的住宿楼为二层混凝土平屋面结构，住宿楼东侧的管理用房为木结构双坡屋面，屋檩直接搁置在墙上；斋堂西侧的杂货间前檐为木结构，后檐为设有混凝土柱的混凝土平屋面结构。在杂货间北侧有甘泉井一口，保存基本完好。

（5）僧舍

僧舍为1984年改建的二层混凝土结构，僧舍一屋面杂乱，有混凝土的平屋面和木结构的双坡排水屋面，木结构的屋面是屋檩直接搁置在墙上。僧舍二屋面为混凝土的平屋面；僧舍西侧的管理用房为木结构双坡屋面，屋檩直接搁置在墙上。院墙被后期改造，墙厚260毫

图4-5-40 僧舍现状

图4-5-41 卫生间北侧后期搭建的彩钢板屋面

米，楼地面均为水泥砂浆。（图4-5-40）

（6）卫生间

卫生间部分屋面有2000年改建的双坡或单坡排水屋面和混凝土平屋面结构，卫生间北侧为后期加建的彩钢板屋面，院墙被后期改造，墙厚260毫米，地面为水泥砂浆地面。（图4-5-41）

（7）龙瑞寺的屋外环境

东面：杂土地面；南面：水泥砂浆地面和杂土地面，毗邻通村路，路宽约6米，山门处的洼地低于路面标高约1~2.5米；西面：为一条宽约2米的巷道，杂土地面；北面：杂土地面。

4. 保护修缮措施

设计方案分龙瑞寺大殿保护修缮工程和龙瑞寺大殿周边环境整治工程两个部分，对文物与非文物的组成情况按照不同的工程性质制定不同的保护措施。

1）文保建筑龙瑞寺

（1）平面格局：保持平面格局。

（2）基础、地面：铲除缸砖地面约140平方米，恢复400毫米×400毫米×40毫米红色斗底砖地面；修补两侧游廊及后檐三合土地面，面积约15平方米；补配前棉残损石板约30%，面积约15平方米，并调平石板地面；补配大殿前天井残损石板约40%，面积约80平方米；对于后天井，剔除水泥砂地面，降低地面高度，补配石板地面约57平方米，砍除杂树4棵。清除须弥座杂草，调平、清洗须弥座，拆除后期增设的防护结构约14米。

（3）墙体：保留墙体；修补抹灰层约20%，修补面积约6平方米；墙面用20毫米厚草泥灰打底，5毫米厚壳灰抹光。

（4）立柱：保留下部为瓜棱形石柱，上部为木柱的结构。

（5）木作（梁枋）：大木构架防腐处理。

（6）装饰装修：清洗木门窗，保留灯杆及灯杆托；保留木柱下部黄色油漆，上部朱红色油漆或整根木柱为朱红色油漆。

（7）屋面：屋面均揭顶，揭顶修缮屋面面积约370平方米；按原规格更换或补配糟朽的杉木椽条约30%，规格110毫米×300毫米×170毫米；更换15毫米厚杉木望板约30%；按压六留四的传统做法布瓦，另加乌烟灰扛槽扎口，补配板瓦约30%，板瓦规格230毫米×240毫米×8毫米；补配封板进长约78米，规格150毫米×30毫米，修复屋脊及彩绘约30%。

图4-5-42　山门老照片

图4-5-43　龙瑞寺天王殿梁架老照片

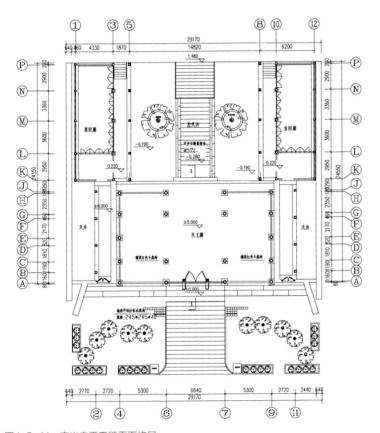

图4-5-44　定光寺天王殿平面格局

2）周边环境整治

龙瑞寺大殿周边建筑有天王殿、观音阁、东西厢房、斋堂、僧舍及卫生间等建筑，这部分环境是古建筑本体意境的延伸，应进行环境保护与整治。环境整治的措施应按照与古建筑本体的关系紧密程度多层次展开。对可能降低古建筑价值、损害古建筑安全稳定的环境因素，通过分析论证综合整治。在评估的基础上调整、拆除或置换古建筑环境中有损景观的建筑和构筑物，清除可能引起灾害的杂物堆积，并通过对原始环境和格局风貌的考证，设置建筑、构筑物、植被或者铺装。

根据《郊区文物志》记述，天王殿面阔三间，进深四间即进深五柱，穿斗式木构架，硬山顶（图4-5-42、图4-5-43）。从老照片可以看到屋顶及封火墙。天王殿应是清光绪十九年（1893年）重建的。2020年12月15日在龙瑞寺邀请部分村民进行访谈，仓山文体局、城门镇政府、龙瑞寺管委会等均参加本次访谈；天王殿的访谈结果与《郊区文物志》记述基本一致，访谈内容后见；由于定光寺天王殿平面布局为面阔三间，进深五柱，为清代穿斗式木构架，故天王殿参照定光寺天王殿进行设计。（图4-5-44、图4-5-45）

清除龙瑞寺大殿周边环境中的不和谐景观与要素，采取现状修整（观音阁）、改造（天王殿、东西厢房、卫生间）、立面整治（僧舍、斋堂）、拆除等措施。对于山门，拆除混凝土结构，参照老照片的外立面进行修复；对于天王殿，降低屋面高度，采用穿斗式木结构，参照定光寺天王殿屋架进行修复；对于观音阁屋架，进行现状修整；对于东西厢房，拆除后期改建的屋面，采用穿斗式木结构参照设计图进行修复；对于卫生间，拆除与环境不协调的

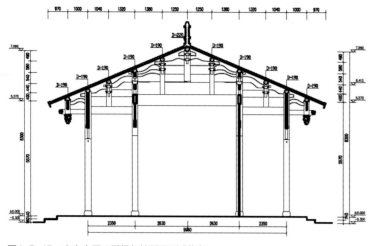

图4-5-45　定光寺天王殿梁架按照原形式恢复

建筑，采用混凝土结构参照设计图进行修复。对于斋堂、僧舍，保留混凝土平屋面，采用新制屋架、更换木门窗、部分墙体贴仿红砖软瓷等措施进行立面整治。

5. 结语

在文物修缮过程中，应明确文物本体与周边环境的组成关系，依据不同的工程性质制定相应的保护措施。本次设计遵循"最小干预"的原则，对龙瑞寺大殿文物本体严格按照文物法相关规定执行，对于非文物建筑依据本身的残损情况，按照周边环境整治的措施执行。

第六节　牌坊

一、林浦石牌坊

1. 历史概况

自明弘治至万历年间，林浦乡出了以林瀚为首的"三代五尚书"，《明史》对此给予了极高的评价："明代三世五尚书：并得谥文，林氏一家而已""林氏三世五尚书，皆内行修洁，为时所称"。明隆庆年间皇帝赐修"尚书里石牌坊"，上书林氏五尚书的名讳，石牌坊顶镶青石圣旨牌。"文革"中石牌坊被毁，部分残石构件及青石圣旨牌被群众留藏，20世纪80年代按原样重修。石牌坊正面中门上匾书刻"尚书里"三字，下匾书刻五尚书及父、祖之名讳及官衔（赠尚书），两旁横匾书刻"两朝宠命，累世翰林"八字；背面正中横匾书刻"科第联芳"四字，下匾题刻明、清两朝科举入之名讳及中举年间。（图4-6-1）

2. 工程性质

因国家建设南三环路二期标段立交桥施工需要打桩，根据《中华人民共和国文物保护法》《文物保护工程管理办法》等法律、法规的规定，拟对仓山林浦尚书里牌坊进行临时支撑保护工程。

3. 设计原则

（1）保持原来的形制，包括原来建筑的平面布局、造型、法式特征、艺术风格等。

1. 尚书里牌坊正立面现状图　　　2. 尚书里牌坊正立面上部现状图　　　3. 尚书里牌坊侧面现状图

4. 尚书里牌坊抱鼓石现状图　　　5. 尚书里牌坊上部现状图　　　6. 尚书里牌坊地面现状图

图4-6-1　石牌坊现状

（2）保持原来建筑结构。

（3）保证所有构件安全。

4. 保护措施

1）支顶设置

首先对牌坊各节点结合脚手架（牌坊构件与钢管之间用麻布垫实）用钢丝绳加锁和螺丝扣紧形成一个牢固整体，应以保证整体构架及榫卯安全为前提，做到万无一失。

2）脚手架设置

设置双排脚手架交替固定斜撑架牌坊四根石柱，参考平面示意图摆放，结合钢丝绳锁紧。（图4-6-2）

（1）牌坊构件与双排脚手架之间的缝隙用杉木片塞紧。

（2）牌坊明次间的横梁用麻袋包裹，使得下托钢管不易损害梁枋。

（3）脚手架一般一节的规格是1.5米、3米、6米、9米。

（4）脚手架支座需要用枕木铺垫。

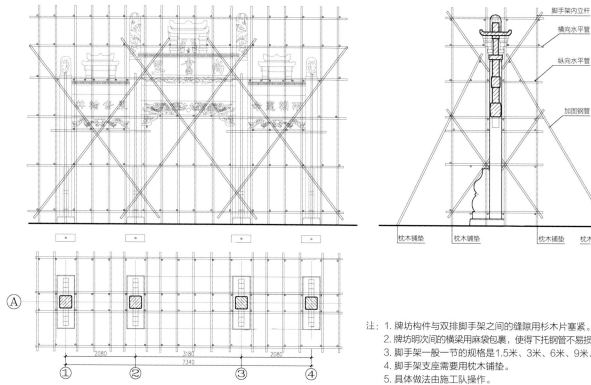

脚手架内立杆
横向水平管
纵向水平管
加固钢管

枕木铺垫　枕木铺垫　枕木铺垫　枕木铺垫

注：1. 牌坊构件与双排脚手架之间的缝隙用杉木片塞紧。
　　2. 牌坊明次间的横梁用麻袋包裹，使得下托钢管不易损害梁枋。
　　3. 脚手架一般一节的规格是1.5米、3米、6米、9米。
　　4. 脚手架支座需要用枕木铺垫。
　　5. 具体做法由施工队操作。

图4-6-2　临时支撑方案图示

3）安全措施

施工期间应在牌坊旁边设立一个沉降观测点定期观测。

二、竹屿木牌坊

1. 历史概况

竹屿木牌坊位于规划中的晋安新城鹤林片区，地处福州东门竹屿村，该片区保存着大量名胜古迹，这里的人文景观也十分丰富。该牌坊位于竹屿村村东路口，系木质结构，横楣两面各书写楷书"兄弟孝友""父子贤良"八个大字，牌坊建造于明嘉靖七年（1528年），清同治三年（1864年）重修，1923年再次修葺。此为福州现存的明代木牌坊，弥足珍贵，系祀明代邓迁、邓原岳等名人的纪念性建筑物。

"礼经奥义"系旌表嘉兴通判，著有《别驾集》的邓迁和万历进士、湖广按察使、著有《西楼集》的邓原岳。"父子贤良"，亦旌邓迁、邓原岳父子。"兄弟孝友"，即旌表族人邓应

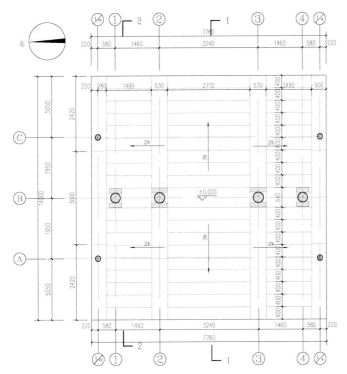

图4-6-3　平面图

斗、邓应轸兄弟。

竹屿木牌坊是福州现存的两座明代木牌坊之一，具有较高的文物价值，1992年1月被福州市郊区人民政府公布为第二批区级文物保护单位。

2. 建筑形制与价值评估

1）建筑形制

竹屿木牌坊，四柱三间，高约6.45米，宽约7.32米，每根木柱均用一对夹杆石固定，檐下斗栱重叠出跳，上为单檐庑殿顶，两侧翘脚还用戗杆支起。两侧次间为悬山屋面，采用插拱支撑挑檐檩。（图4-6-3~图4-6-8）

2）价值评估

（1）历史价值

现存的竹屿木牌坊建于明嘉靖七年（1528年），系祀明代邓迁、邓原岳等名人的纪念性建筑物，具有较高的历史价值。

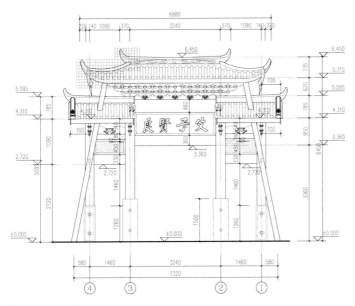

图4-6-4　立面图

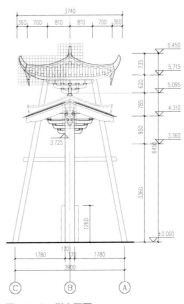

图4-6-5　侧立面图

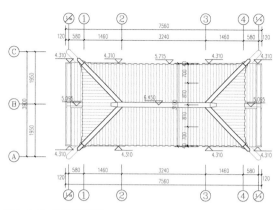

图4-6-6　屋顶俯视图

（2）艺术价值

建筑形制保存有明代风格，使用简单的插栱及如意斗栱叠涩起翘，形成做工独特形制考究的古牌坊，具有较高的建筑与艺术价值。

3. 残损评估

牌坊屋面均采用福州地方青瓦，破损严重，屋面雀尾全部残缺，屋面椽板及望板待易地迁移前瓦屋。

面揭瓦后现场确认残损，如意斗栱保存较为完好，约残率损15%，下层插栱散斗缺失严重，约残损率70%，四根木柱残损较为严重，夹杆石基本保存完好，四根戗杆也残损严重。枋子及其他小木构件待拆迁时通过木材编号确认使用回收率。（图4-6-9～图4-6-11）

根据中华人民共和国国家标准《古建筑木结构维护与加固技术标准》（GB/T 50165—2020）第四章第一节结构可靠性鉴定第4.1.3条及第4.1.4条相关规定，鉴定该建筑为"Ⅲ类建筑"，即承重结构中关键部位的残损点或其组合已影响结构安全和正常使用。

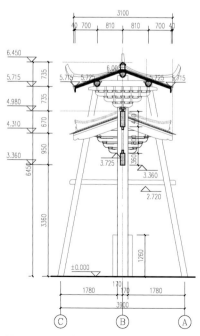

图4-6-7　1-1剖面图

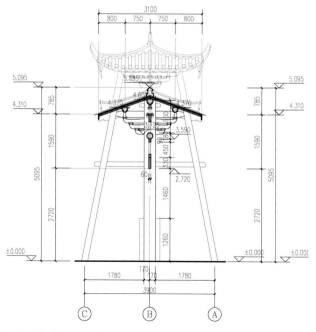

图4-6-8　2-2剖面图

图4-6-9　现状照片（一）　　图4-6-10　现状照片（二）　　图4-6-11　瓦屋面残损严重

图4-6-12　木质牌坊落架修复后现状（一）

图4-6-13　木质牌坊落架修复后现状（二）

4. 保护措施

　　竹屿木牌坊属于保护修缮工程，在紧靠牌坊的周边民居被拆及打桩施工影响下，使原有就很破旧的木牌坊发生了严重倾斜，屋面出现大部分坍塌，整个木牌坊面临随时倒塌的危险，为抢救木牌坊，实施落架保护。（图4-6-12、图4-6-13）

　　根据现状实测图所示，将各梁、缝架按平面图中的轴号进行编号，打包，对主要的大型艺术构件要采用钉木箱包装。将拆卸的构件存放于防雨、防水、通风的环境之中。在地面的拆卸过程中，应挖除地表的水泥、瓷砖层，尽可能地找到原有的廊檐石、阶条石、槛垫石、天井石等。

　　木牌坊夹杆石存在裂缝，木柱残损情况参见相关设计图纸。该建筑需采用全落架的方式进行修复。落架前由施工单位对所有构件进行编号，且与图纸构件编号一一对应，以便重新安装时能顺利对号入座，落架程序一般从上至下，从外至内，先揭下瓦片、望板、椽板、檩条，然后拆卸纵向梁枋等连接构件，最后拆卸横向缝架。拆卸过程应尽量小心，尽可能保留好各种瓦件及木构件，尤其要避免木构件榫头的断裂。拆卸结束后请施工单位清理落架后的木构件，按可用与不可用分类安置好后请甲方、监理单位及设计单位一起到现场确认，经三方确认后据实更换，不可用木构件或修补残损木构件重新利用。

第七节 桥涵码头

一、安泰桥

1. 历史概况

福州安泰桥位于安泰河中段,今八一七路朱紫坊西口。原名"利涉门桥"。唐天复元年(公元901年)王审知筑罗城,南门扩至利涉门,门外城濠上修利涉门桥,即今安泰桥。1966年11月改名前卫桥,1981年恢复。桥为单孔、石拱桥,南北走向,长11米,宽6米,桥岸均用规整条石叠砌。宋宣和七年(1125年)陆藻任福州知州时重修,并在桥上建一亭,不久圮。今前面拓宽10米,原桥被水泥覆盖,石构仍保存。1992年以"琼东河七桥"公布为市级文物保护单位。

唐宋时期,安泰桥是福州古城的水路交通枢纽,从这里舟东行可出闽江,西环城可达西湖,因而形成商业中心。清陈学夔《榕城景物录》载:"唐天复初,为罗城南关,人烟绣错,舟楫云排,两岸酒市歌楼,箫管从柳阴榕叶中出。"宋文学家曾巩《出利涉门诗》曰:"红纱笼竹过斜桥,复观翚飞入斗杓。人在画楼犹未睡,满船明月一溪潮。"

2. 建筑形制与价值评估

福州安泰桥是唐罗城的利涉桥,安泰河原为唐末唐天复元年(公元901年)罗城的护城河,安泰桥居坊口西侧,为单孔石构拱券桥。古称"利涉桥"至今尚覆盖在八一七北路之下,该桥为南北朝向,其拱券采用纵联并置交错砌筑。全桥保持了整体性,桥面全宽约9米(这在福州石拱券石桥中是少见的),券石净跨4.55米。

安泰桥属我省较早的单孔石拱券桥,其拱券采用纵联并置式结构,其突出特点是桥宽达9米左右,为我省难得的桥宽这么大的石拱桥。鉴于它的历史价值和科学价值,现已列为省级文物保护单位。

3. 残损评估

1)安泰桥本体

现安泰桥经现场勘察可以判断出至少经过二次以上的扩建,使原9米宽的桥面第一次在原安泰桥的基础上向东、向南两侧各加宽3.6米,变为15.55米,第二次南后街路面又继续向东、向西分别加宽4.38米和4.9米,成为现在宽24.8米的新安泰桥路面。且第二次加宽未使用拱券形式,而采用钢筋混凝土梁板直接搁置在河道两侧的石驳岸上。(图4-7-1、图4-7-2)

据现场观测,桥券石局部出现松动,券顶出现塌陷下沉现象,每当车辆多振动严重时,券顶石有松动现象,券石纵向每层达到10~11块,每块厚约250~300毫米、长900~1100

图4-7-1 桥本体现状

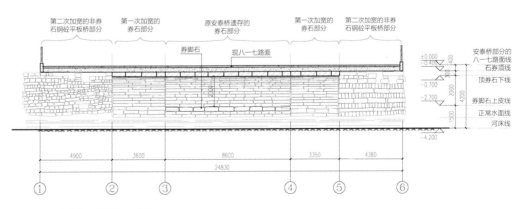

图4-7-2 安泰桥现状剖视图分析

毫米、高约400毫米。

原有的安泰桥应与福州同类、同时期的拱券石桥一样，有券睑石，但现状已明显缺失。

券体之上应有铺设的垫层，垫层之上应有铺桥面石，但这里垫层及桥面石的做法还有待进一步挖掘才能探明，因为现状均已被路面掩埋遮盖。

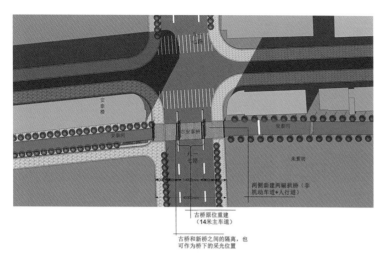

图4-7-3 落架修复方案示意图（一）

图4-7-4 落架修复方案示意图（二）

图4-7-5 落架修复方案示意图（三）

基础部分具体尺寸待现场经围堰把水抽干净后才能进行具体勘测。

2）安全评估

安泰桥现状损伤和病害的成因主要有：年久失修；道路扩建带来的人为改造，使其完整性遭到破坏；道路带来的繁重负荷，使其结构也遭到较大的损伤。为防止继续遭到破坏必须尽快采取修复措施。

目前又面临地铁要从桥底下通过，为满足建设地铁的需要，必须落架重新修复。

4. 保护措施

根据安泰桥残损的情况，应对原有文保单位——安泰石桥进行重点修复（落架修复）；依最新规划设计的安泰桥规模与布局，结合文保单位的安泰桥修复工程，分三段重新设计安泰桥，并落架满足八一七路的交通要求。

1）施工要求

在整个维修过程中，要做好技术资料的收集、整理和归档工作，确保工程高质量、高标准实施。

最大限度地保留建筑物历史遗存的文物构件。为保持原桥面貌，尽量利用原有构件，拆除后对重要构件的缺角、裂缝、断裂等损坏石料，采取粘补措施，确定不能继续使用的再进行更换，所换新料要求在质地、工艺、色泽上需与原桥石材相匹配，建议采用旧石料，不得采用新开石料。所有石材露明处均二遍斩凿。

2）修缮措施

此次修复工程贯彻文物主管部门对该安泰桥保护修复工程设计方案的批复意见"按落架原地保护"的重修方案（图4-7-3～图4-7-5）。拆卸时不但要保证人身安全，而且还要力争石料完好无损，尽量多地保存原有的旧石料构件。拆除拱券时，为保证拱券的稳定，必须由跨中至两端均衡进行，拆卸前应在桥下先搭支顶券胎的钢模支架，支架必须牢固可靠，支架顶部宜采用带方木龙骨的加厚杉木板，以便安全地承托拱券落架的石料。拆卸前对每一块石料进行编号，拆卸后按照编号分别放置。期间需对拱桥的各个部位进行拍照，以供施工时参考和存档。

图4-7-6　构件编号

图4-7-7　安装券胎钢模支架

（1）落架

①首先拆除目前压在古安泰桥上的后加的混凝土桥面材料，在拆除的同时，应对古安泰桥现有露明的券石、券脚石、桥台石外的桥腹部分的材料、桥台、桥基结构进行进一步勘测和拍摄记录。

②对古安泰桥的石构件进行编号和绘制构件编号图。（图4-7-6）

③对古安泰桥所有构件进行拆卸施工（建议搭门架、用电动葫芦进行吊装施工和运输保存，等待重新安装）。

参照福州同时期的拱券横联式石拱桥的做法，由于新设计八一七路的主通道必须达到14米，所以古安泰桥必须增加宽至14米，左右两侧券石端部增加券睑石，加宽的部分与古安泰桥券石保留一通缝，保留券睑石以外的券侧石墙。

参照拆卸过程中了解的对桥腹的填砌做法，补充桥腹设计，给安装做准备。

（2）桥台与基础的砌筑施工

桥台与基础的砌筑要在地铁工程箱涵提供的承台完工后才能进行砌筑桥台与基础的施工工序。

（3）为了显示安泰桥的完整外貌，还是要参照同时期福州地区同类型石拱券桥的做法，加上券睑石的设计与制安。

（4）桥台与基础砌筑完工后，进入拱券与券睑石的砌筑与安装。在安装之前为了保证拱券的几何尺寸和安装的严密性与安全，仍必须安装券胎钢模支架等，且必须牢固可靠，拱腹墙料原为松散的碎砾石，现修缮以毛石式。（图4-7-7）

（5）修复后还要在安泰桥上部铺砌，以适应八一七路面的车辆行驶需要，桥的上部及桥的东、西两侧共40米的路面设计还有待路桥设计部门的进一步设计。

3）安装施工做法

首先按结施图进行桥台和桥基的施工，按建施设计图尽可能利用原材料，按原样，以从下到上，以桥基→桥台→拱券石→拱桥侧面→混凝土券板→桥腹→桥面石的顺序施工。砌筑过程中保持露明处为干砌密缝效果，其内部隐蔽处以M10砂浆砌筑。

桥两侧增宽部分的安泰桥的做法：增宽部分的两段安泰桥，其设计按古安泰桥的设计做法，形成三座并列的石拱桥，其相邻处留有1米宽的石栏井。（图4-7-8）

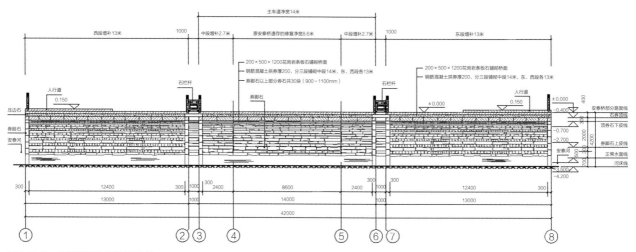

图4-7-8 安泰桥修复剖视图分析

二、路通桥

　　路通桥，横亘于福州市台江区新港街道路通河上，为两墩三孔不等跨石券桥。始建于唐贞观年间（公元627~公元649年），宋代重建，清代重修，桥东有高2.76米、宽0.83米、厚0.17米的清道光己丑年（1829年）立"路通古迹"修桥碑记一方。

　　石桥东北至西南走向，桥长31.34米，正身处宽4.15米。其中西侧有石阶11级，东侧则为12级，桥面施栏板、望柱、寻杖，桥东有路通庵，祭祀闽地的瘟神"五帝"。路通桥1992年被列为第三批市级文物保护单位，2018年被列为第九批省级文物保护单位。

　　1. 地理及人文自然环境

　　1）地理

　　新港街道位于台江区东部，街道四至：东面与晋安区交界，由光明港向北，沿晋安河至琼东河口；北面与鼓楼区交界，由晋安河向西北，沿琼东河至五一路高桥；西面与茶亭、洋中、后洲街道交界，由高桥向南，沿五一中路，五一南路至台江广场，转向东沿广场车站北墙，转向南沿中选南路、瀛洲路至瀛洲桥（瀛洲路两侧店面归后洲街道）；南面与瀛洲街道交界，从瀛洲桥向东沿瀛洲河，再沿光明港至晋安河。新港街道面积1.35平方公里，居民3万多人，下辖路通、南公、新港、十三桥、六一、中选、龙津、五一、五二、中三、瑁前、龙庭、中港、琼东14个居委会，1个南公村。

　　2）气候

　　台江区夏季长，无酷暑，冬无严寒，2005年平均气温19.6℃，全年无霜期326天，年

图4-7-9　枯水期分水尖露出

图4-7-10　三孔石券桥

图4-7-11　桥面施栏板、望柱

图4-7-12　中孔内券石保存较好

降水量1342.5毫米，年平均湿度为77%。常年风向多为东南风，气候温和、雨量充沛。

3）人文

北宋始，境内河口已是福州内河的一个重要港口，并有造船的历史。《三山志》载："庆历旧记……官造舟，率就河口弥勒院之旁"。又载："凡百货舟载，此人焉"。明弘治十一年（1498年），督泊邓太监在水部附近河口尾开凿一条人工河道——"直渎新港"，直通大江。新港因此得名，沿用至今。

境内建于明代的柔远驿与建于清代的河口万寿桥为市级文物保护单位，建于唐代的路通桥和清代的南公园为区级文物保护单位。

新港街道有座古石桥，建在河口尾，名为路通桥。其桥名来由，清《榕城考古略》载："宋建。古谶云：南台沙合，河口路通，先出状元，后出相公。"

所谓"南台沙合"，指万寿桥、小桥未砌之前，江上偶然出现"沙合"成"堤"；河口的水势纵横，多靠船只往来，如果能架桥筑路，就会有好的征兆。"先出状元，后出相公"，是吉祥的大事。桥名"路通"，出自谶语。从路通桥边向东折向南的一条街，明代得名，称为路通街。

2. 建筑形制与价值评估

1）建筑形制

路通桥，横亘于福州市台江区新港街道路通河上，为两墩三孔不等跨石券桥，其石构件均为花岗岩材质，石桥东北至西南走向，正身北偏东46.93°，栏板至两端向外撇开，呈喇叭状向中间收缩。桥长三跨，中孔跨径5.7米，两侧次孔跨径3.36米，中部两个桥墩做船型。石拱桥长31.34米（两尽端石阶距离），正身处宽4.15米（仰天石外端距离），东侧最宽处6.93米（最东侧望柱中心距），西侧最宽处5.49米（最西侧望柱中心距），其中西侧有石阶11级，东侧则为12级，桥面施栏板、望柱，两侧各有望柱13个，柱头雕连珠覆莲图案，柱身落两层池子。栏板各12个，浅浮雕荷叶图案。桥东有路通庵，桥身正对其大门，门额上方石刻横匾"路通古迹"，匾上镌直牌"武圣庙"三字。（图4-7-9~图4-7-13）

图4-7-13 东孔券石及券面石保存较好

图4-7-14 条石缝隙滋生树木，树根深深扎入桥腹

图4-7-15 桥面后期铺设坡道，石构件局部风化

2）价值评估

（1）历史人文价值

路通桥历史悠久，历经唐、宋、清多次重修，是古代桥梁修建史的实物见证，具有重要的历史价值。

（2）建筑科学价值

路通桥长31.34米，为两墩三孔不等跨石拱桥，两券之间作分水金刚墙以承券脚，是古代桥梁修建史的实物见证，具有较大的科学技术价值。

（3）建筑艺术价值

石桥桥面施栏板、望柱、寻杖，柱头雕连珠及覆莲图案，栏板压地隐起雕荷叶，虽经风雨侵蚀，却越发显得古朴。

（4）社会价值

路通街桥作为南公园历史建筑群的一部分，见证了南公园的发展，是南公园地方文化的重要载体，也是当下挖掘本土特色、保存本土记忆的重要基础，具有极高的社会价值。

3. 残损现状

由于年久失修、自然灾害等多方面的原因，路通桥存在以下问题：后期为供电动车通行，于桥面踏步间铺设碎石，水泥砂浆抹面，长期以来，石阶多处下沉、断裂以致移位，形成石件间隙增大，使雨水畅流至桥腹。桥面两侧石缝间滋生树木，树根深扎入桥腹，导致条石松动、外鼓，不利于正常受力和传力。局部望柱与栏板存在脱榫，后期于接缝处抹水泥砂浆，勾缝过于粗糙，石栏板风化破损严重等问题。

现场勘察结果表明，路通桥保存较为完整，但由于自然灾害、人为改造，如后期于桥面上砌筑坡道，石缝处滋生树根导致条石松动，望柱与栏板后期水泥勾缝填补缝隙等。（图4-7-14～图4-7-19）

図4-7-16 望柱与栏板残损分析（一）

図4-7-17 望柱与栏板残损分析（二）

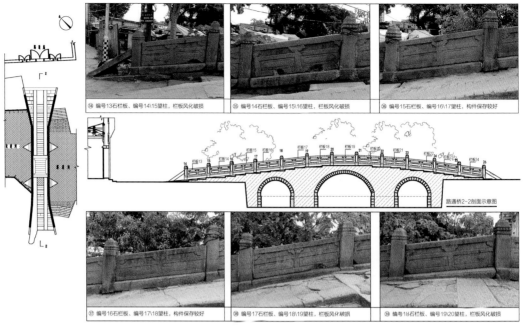

图4-7 18　望柱与栏板残损分析（三）

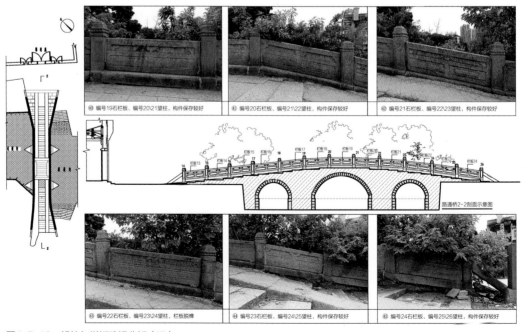

图4-7-19　望柱与栏板残损分析（四）

4. 保护修缮措施

1）具体修缮部位，见图4-7-20。

部位	残损情况	修缮措施
望柱 （代号：Z）	Z1、Z13为后期补配；Z8柱身风化破损；Z26与石戗杆脱榫，石戗杆面层风化破损； Z3与L3、Z9与L9、Z21与L20\21、Z25与L24\25栏板槽位置后期水泥砂浆填缝	Z1、Z13保留现状； 用石质文物修补灰浆（丙烯酸粘合剂配合同材质的石粉=1∶4.5）对Z8破损部位进行修补； 重新接合Z26与石戗杆，用石质文物修补灰浆（丙烯酸粘合剂配合同材质的石粉=1∶4.5）对石戗杆破损部位进行修补
栏板 （代号：L）	L1、L12为后期补配；L23脱榫严重； L2、L3、L6、L7、L8、L14、L15、L18、L19栏板局部风化破损	L1、L12保留现状； 归安L23，若栏板槽缝隙过大，对构件缝隙选用石灰，添加和石构件质地相同的花岗岩粉制作填补砂浆
石阶	后期为供电动车、自行车通行，在石阶面垫碎石碎砖，面层抹水泥成坡面，两侧共4条坡道，长期通行导致局部条石移位断裂	人工铲除后期水泥坡道，拔除滋生的杂草，清洗石阶污渍； 归安移位的石阶，环氧树脂粘结断裂的石阶
其余部分石构件（仰天石、券脸石、撞券石）	中孔内券石保存较好；次孔内券石保存较好； 中孔券脸石保存较好，局部撞券石因树根挤压导致条石松动、歪闪； 局部仰天石破损断裂	人工清除桥体滋生的树木，草酸处理深扎的树根并清理，后归安翻翘的撞券石； 归安移位的仰天石，环氧树脂粘结断裂的条石（图4-7-20）

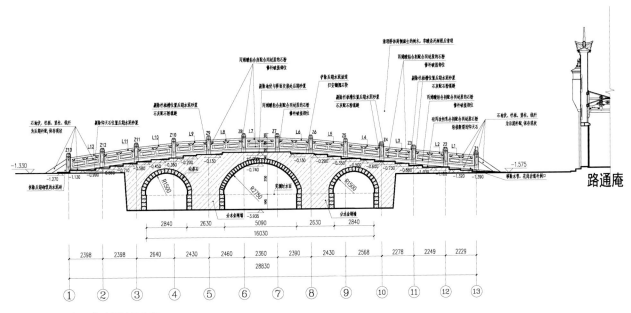

图4-7-20　根据现状残损情况修复

2）修缮做法

（1）石构件缝隙树根清理

人工清除树枝后，余根用草酸处理杀死，人工清理树根。

（2）临时加固及石构件的保护

维修石桥之前，在桥面石板和桥墩石材的表面铺设两层软质毛毡，采用钢管脚手架和局部斜撑的方式对石桥及土石挡墙进行整体维护支撑，确保石质文物整体稳定和施工以及行人的安全。布置维护支撑时，不允许在石质文物上开凿卯口，不允许搬迁过程中破坏文物。同时采用圆木、木枋、工字钢、角铁、U形环支护即将拆卸的石质文物。

（3）石材的检查和处理

①整理完善石质保存现状记录；

②采用物理与化学相结合的方法清洗表面污染的石质；

③评估原来修补及填缝材料的材质、强度和老化程度，确定是否替换或重新填充修补材料；

④对盐析现象严重的石构件，进行保护前的脱盐处理，减少石桥修复后的盐析破坏；

⑤对出现断裂、破损、裂纹面积未达50%的石构件，进行填充加固、修复、粘接处理；对出现断裂、破损、裂纹面积达到50%以上的石构件，根据其原来所处的位置，选材以备替换；

⑥采用高效防霉剂清除石质文物表面的微生物苔藓等；

⑦对石质文物进行表面防护处理，减少温差、雨水等侵蚀。

（4）石构件的清洗

①清洗范围　清洗主要针对石质文物表面的霉菌和微生物，以及人为题字、墨迹、金属锈、油漆、水泥、鸟类及植物汁液等污染物。

②清洗方法　在不产生新的腐蚀和破坏的前提下，对一般污垢采用去离子水清洗，对较为顽固的附着物，可采用必要的低浓度化学试剂清洗，试剂清洗后再用清水清洗，尽量减少试剂清洗液残留在石构件内。

③清洗步骤

a. 用聚乙烯塑料薄膜遮盖，隔离保护要清洗部位以外的部位；

b. 用清水淋洗，让石构件表面浸润一部分水，减少清洗液的渗入；

c. 用去离子水将表面污垢淋洗干净。若使用压力清洗，需做实验以确定压力大小，防止压力过大损伤石构件表面；

d. 针对少量不同的污染物，可采用不同的方式和清洁剂，配合适宜的工具，小心细致地慢慢清除污垢，对于顽固的污垢可反复清除；

　　e. 用去离子水多次冲洗使用清洗剂的部位，保证清洗剂不留残余；

　　f. 用吸尘吸水机收集清洗残液，并指定单位处理残液；

　　g. 由工程指挥人员和工程技术人员对清洗后的石构件检查、验收。

（5）脱盐处理

　　本次修缮的石桥石构件出现不同程度的可溶性盐结晶，造成文物表面粉化剥脱，形成危害。在存储保护中，可采用纸浆吸附清除可溶性盐，将吸附性较强的木浆、脱脂棉等，用去离子水湿润后敷在石构件上，外面再覆盖塑料薄膜。过一段时间揭开薄膜，使吸附材料干燥，可溶性盐结晶便被吸附出来。测定吸附材料的电导率，可以检验除盐情况，平均脱盐三遍。

（6）断裂石质文物的粘接

　　石质文物粘接加固的目的是加强石构件结构之间的接合，以及在损坏面和完好面之间的粘合，增加物体的机械强度。目前主要使用的材料是环氧树脂，环氧树脂粘结力大、抗老化性能可以达20年以上，在没有光照的条件下，使用寿命可达50年。裂隙充填材料常用环氧树脂（Akepox5010，凝胶状），对于大块岩石，若断面受力较大，可使用夹具、锚杆或锚索。主要粘接处理方式如下：

　　①清理碎块断面：将石构件断裂面上老化的酥粉清除，以确保接缝的准确。用棕刷和去离子水将断裂表面积缝隙中的尘土污迹清洗干净。

　　②胶结面处理：在石构件上的两个胶结面，将溶剂型环氧树脂（强化剂E）涂于各断裂面表面。涂溶剂型环氧树脂是用来加固断裂面存在的结构脆弱部分，使接头的内聚力增大，保证粘接强度。

　　③拼对粘接：使用环氧树脂粘接胶（Akepox5010，凝胶状）与固化剂按照一定的比例混合，调匀后成稠状。粘接剂均匀涂刷断裂面（注意，在粘接时，两个粘接面一定要干净，涂粘接剂时，边缘部分需留出一点空余，以免压挤出的粘接剂，将构件表面染上污迹），然后将断裂构件沿断裂面进行合拢，约72小时后完成固化。

　　④勾缝补全、作色：使用石质文物修补灰浆调至膏状进行勾缝、做色。

　　⑤对于整块石材碎裂的，则用同材质石材进行替换。

（7）石材缺失的修补

　　缺失部分及剔除水泥部分小于原石构件5%的部位，用石质文物修补灰浆（丙烯酸粘合剂配合同材质的石粉比例为1：4.5）进行修补。对于新修补和原来修补过的部位，可使用矿物颜料，适当补色。缺失部分及剔除水泥部分大于原石构件5%的，则用同材质石材进行替换。

（8）石材裂隙填补

对于石构件表面发育的裂隙填补修复。对于上部不受力的地方，可以选用有一定粘接性能的材料，以填补为主；对于底部受力部位，可采用粘接强度高一点的材料，以保证粘接后的稳固。

填补材料选用无机材料水硬性石灰为粘合剂，添加和石构件质地相同的花岗岩粉制作修复砂浆。水硬性石灰为含黏土矿物的石灰石烧结后的产物，与水混合后发生反应而逐渐固化。固化后主要产物为碳酸钙，和岩石的基本成分相似，同时强度低于石构件本体，因此使用此类材料对石材不会造成破坏，也不会影响以后的保护处理。通过调整黏合剂和花岗岩石粉的配比，选择适合的颜色和强度。

粘接修补材料选用硅丙改性乳合剂配合同材质石粉，固化后具有一定的粘接强度，还有耐老化性，石粉的加入可以达到调节颜色和强度的作用。

第八节　其他

一、公正古城墙

1. 历史沿革

公正古城墙位于福州市鼓楼观风亭西侧毗邻冶山冶城旧址，相传为汉无诸冶城的东城墙遗址，晋建子城及唐明三代建的城墙，相继沿用。公正城墙是目前福州市保存最为完整，长度最长的古城墙，且历代均有修缮，对于研究福州城市历史发展与沿革具有历史价值。根据2008年4月份考古专家的意见基本确定现存的石头城墙遗址为明代福州府的城墙遗址。目前公正城墙的西壁保存较好，东壁已遭破坏。

古城墙1992年被列为市级文物保护单位。

2. 建筑形制与价值评估

1）建筑形制

该城墙全长残存约22.75米、宽约2.1米、高约4至6米。

2）价值评估

公正古城墙作为历史遗存建筑是城市文化的一个重要组成部分，具有较高的历史价值、艺术价值、科学价值和社会价值。

3. 残损情况与保护措施

部位	残损情况	保护措施
平面	墙城顶部长满灌木、杂草、草藤，局部方整石错位堆放	清除灌木、杂草、草藤；增加景观绿化（图4-8-1）
东立面	南侧被后人用红砖加砌3.6米×1.9米的凸起、北段均被后人用红砖加砌一皮	清理现状石灰砂浆勾缝及罩面，清理杂物，按现状维修（图4-8-2、图4-8-3）
西立面	残墙面南段约9.8米方整石花砌墙面（面层被水泥砂浆粉刷）保存完好，北段被杂土覆盖长满草藤	西立面北段长约12米及南段约2.6米阴影部分清理水泥砂浆罩面及坍塌的土层，采用旧毛石干砌城墙，南北两端表现为断墙效果（图4-8-4）
南立面	为南侧断墙，长满灌木、杂草、草藤	采用旧毛石干砌城墙，南北两端表现为断墙效果（图4-8-5）
北立面	为北侧断墙，夯土坍塌、改建严重	采用旧毛石干砌城墙，南北两端表现为断墙效果

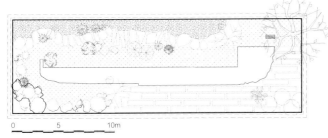

图4-8-1 平面布局上清除灌木、杂草、草藤，增加景观绿化

图4-8-2 东北立面修复后图示

图4-8-3 东立面修复后图示

图4-8-4 南立面修复后图示（一）

图4-8-5 南立面修复后图示（二）

二、朱敬则墓

朱敬则墓，位于福州仓山区建新镇淮安村桃源山，墓坐东南向西北，现状占地面积约104平方米，二层墓埕，封土用红砖砌造，内填黄土。墓碑高0.65米，宽0.38米，文阴刻楷书："唐故丞相敬则朱公之墓。光绪庚子年立，裔孙仲冬修"，为2003年抢救性维修所立。墓埕前原来约400米长的墓道两旁立有翁仲、石兽，文臣高冠执笏，高2.6米，武将披甲按剑，高2.6米；石狮1对，均作俯伏状。一高0.70米，宽0.41米，长1.06米；一高0.75米，宽0.42米，长0.93米，墓砖、石翁仲、石兽均为唐代遗物，为防窃现在保存于仓山博物馆。

1. 历史概况

朱敬则（公元635~709年）唐朝大臣、史学家。字少连，亳州永城（今属河南）人，唐太宗贞观九年（公元635年）生。他好学，重节义，爱助人。唐高宗时任右补阙。武后称制，广开密告之门，罗织诬陷，诛杀大臣。敬则进谏，武后采纳他的建议，并提升他为正谏大夫兼修国史。不久，检校左庶子魏元忠因恒国公张易之的陷害被判处死刑，朝内的大臣都因惧怕张的权势而不敢挺身谏阻，唯有敬则向武后劝阻说："元忠对朝廷忠心耿耿，对他所加的罪名没有事实，如果杀了他，会使天下的人失望。"武后从谏，元忠才得赦免。后来，官至同凤阁驾台平章事，治理国家事务常以用人为先决条件。但因他的性情直爽，触犯了时政，被贬为郑州刺史。他为官清廉，辞官归来时只一人一马别无所有。唐中宗景龙三年（公元709年）卒，享年75岁。著有《十代兴亡论》《五等论》等书。

从已知的史料，唐代朱氏入闽有三支，一支是唐宰相朱敬则第七代裔孙户部尚书朱光启从河南永城入闽，居福州，后其长子朱玑在福州抗击黄巢叛军有功，被任命为古田令，后迁入莆田黄石琳井；一支是唐宰相朱敬则第七代裔孙朱玖，于唐末从河南固始入闽，居永泰毗坑（即永阳玉尺）；一支是唐宰相朱敬则第六代裔孙朱瀚，于唐末从河南南阳避地侯官，后迁居仙游党田，其第八代孙朱王丑迁居莆田黄石石阜。

唐末黄巢叛乱光启公迁敬则公墓与福州（今福州仓山区怀安村桃源山）。

该墓葬建于唐代，在福州地区极为罕见，甚至早于闽王王审知墓，对研究福州地方史、古墓形制等，且有重要的历史，科学与艺术价值。

该墓葬现为仓山区级文物保护单位。

2. 建筑形制

墓坐东南向西北，平面呈钟形，砖土结构，二层墓埕。（图4-8-6～图4-8-8）最宽处约9.5米，进深约15米。墓丘后为斜坡土堆土，及边缘两侧乱毛石挡土墙，排水沟现已被山上流失的杂土覆盖，并长满杂草，墓丘立面后期为水泥抹面，内嵌光面黑色石墓碑，墓丘为拱顶，高约1.2米，长约4.7米，前宽约4米，后部收敛为半圆弧形。墓碑前的供台，为砖石基座，供台南侧已垮塌，整个墓葬仅存供台须弥座下圭脚石，应是宋代以前雕刻式样的石构件，现保存完好。供台面后期水泥沙抹面。墓供台前的墓埕为黄土实地，前宽约4.6米，后宽约7.8米，进深约6.8米，上长有杂草，两侧乱毛石挡土墙残破，杂草丛生。下墓埕前宽约18米，后宽约22米，进深约26米。现杂草丛生，墓埕前原有墓道后期改为水田，现成为长杂草的荒地。

3. 残损分析

该墓体现状其主要表面：山上的流失土改变了墓体的原有面貌，墓臂（乱毛石挡土墙）残存，供台一半被雨水冲垮，且周边都已长满杂草杂树。该墓应在现有的基础上采取有效的修缮保护措施，否则墓体将随时间的推移面临消失的危险，具体表现如下：

（1）墓主体结构破损严重。

（2）墓宝顶及弧形墓臂挡墙，排水沟残破，且被流失土覆盖，生长杂草，墓前供台尚保存原有规制，供台下圭脚保存有宋代以前雕刻式样的石构件，但供台南侧局部已被雨水冲垮。

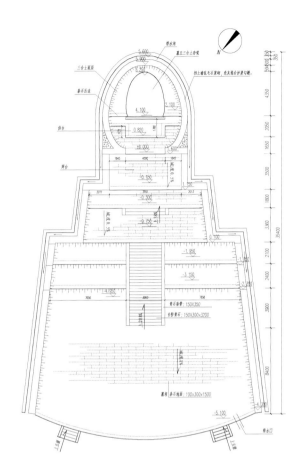

图4-8-6 平面修复图

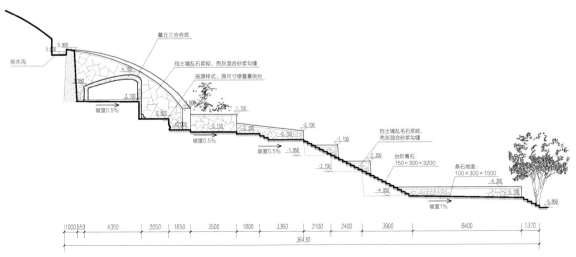

图4-8-7 剖视图

图4-8-8 立面图

图4-8-9 重新夯筑墓丘

图4-8-10 修复后的立面图示

图4-8-11 修复后的墓丘本体

（3）墓前拜台上长有杂草，两侧的乱毛石挡土墙残破且长满杂草。

（4）墓埕前下方原有的墓道后期改为水田，现成为长杂草的荒地。

（5）墓主体周围因长年的流失土改变了原貌，且都长满杂草、杂树。

4. 修复措施

通过科学合理的技术手段，解决处理墓主体周围长期长杂草、杂树破坏墓体的问题，有效保护墓主体结构安全。最大程度保存建筑的历史遗存，尽可能多地保留和真实反映建筑的历史信息。根据现存墓主体面貌和残存的痕迹进行甄别，拆除在后期增加不相协调的部位，还原历史，充分体现建筑历史的真实性和完整性。

1）修复内容

其修复的内容主要包括以下几点：

（1）清除墓体及周围所有杂草、杂树，铲除山体流失杂土。

（2）修复墓主体及墓埕，重新夯筑墓丘，修复乱毛石挡土墙（图4-8-9、图4-8-10）。

（3）对墓埕地面重新铺墁条石板，修复制安踏步。

（4）重整砌作墓体周边排水明沟。

（5）对墓供台按原样式，原尺寸重砌修复（图4-8-11）。

2）具体做法

（1）清除所有杂草，铲除墓主体及墓埕上的山体黄土，按设计要求整平夯实墓体间高低落差的地面。

（2）对墓体部分后期砌筑的砖石构件（供台）进行拆除处理，按设计图修复石构件。

（3）先对墓主体外素土场地进行清除杂草、杂物，对表面约0.5米的土层按3∶1的配比加壳灰调匀后，进行夯实整平处理。

（4）对乱毛石挡土墙重新浆砌，并按传统砂灰材料勾缝。对墓埕地面进行铺墁条石板处理。

第五章

福州古厝
保护修缮案例——近现代

第一节　宗教建筑

一、明道堂

1. 历史概况

明道堂是英国圣公会在福州建造的一座重要教堂，位于福州市仓山区答亭路，左边与国民党中央银行2米距离，右边与兰记相邻，1866年与圣公会所办的塔亭医院（今福州市第二医院）同时建成。基督教明道堂前身是清光绪二十九年（1903年）由"英国印度妇女教会"派遣的沈爱美（Stephen Emily）在梅坞顶租赁民房（即今明道堂现址）创办的"明道女童盲校"。盲校所收之学生大部分是来自山西、厦门、新加坡等地因饥荒等天灾造成流离失所的孤苦女盲童。该堂的建筑物至今犹存，现在作为福州天安堂的附属宗教活动场所开放。

2. 价值评估

明道堂为砖木结构，宗教性较强，风格相对明显，主体为三开间，制式房间，后大敞厅用作宗教礼拜聚会，整体建筑采用福州地方建筑传统手法建造而成，梁架均用杉木制作，三脚架组成屋架，前半部分四坡顶，后半部分双坡顶，吸收了外来文化又传承了传统的建筑手法及工艺，整体建筑保留了福州传统的民居特色，该教堂保护级别为优秀近现代建筑，对于研究清代福州教堂的建筑形制与风格，具有一定的参考价值。（图5-1-1~图5-1-5）

3. 建筑形制及残损分析

明道堂建筑占地面积约230平方米，主体建筑为砖木结构，门厅三层，礼拜厅二层，局部三层扩建楼板增加使用面积。（图5-1-4、图5-1-5）整体建筑轻微残损，外立面部分贴满蓝白色瓷砖，与建筑整体风格不协调，门厅部分出租作为商铺，内部结构有部分小改造。

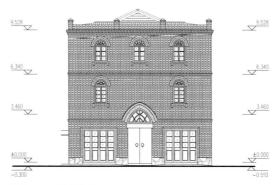

图5-1-1　正立面图

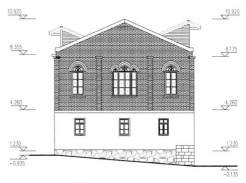

图5-1-2　南立面图

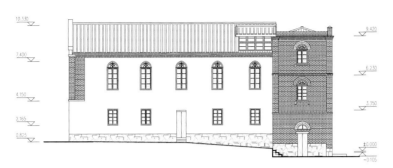

图5-1-3　侧（西）立面图

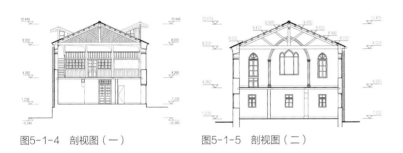

图5-1-4　剖视图（一）　　图5-1-5　剖视图（二）

1）建筑形制

建筑面阔三间，共3层，通面阔9.68米，通进深19.65米。

2）残损现状

（1）地面

一层地面：西次间地铺瓷砖，地面现已开挖破损，东次间地铺瓷砖地面垃圾遍地，明间为水泥沙坡面，上铺地毯凹凸不平。

礼拜厅为水泥地面，保留较好。

二层地面：均为杉木板地面，门厅地面小部分残损，礼拜厅部分地面基本完好。

局部三层地面：均为杉木板地面，门厅部分地面部分残损，看台面楼板基本完好（图5-1-7）。

（2）大木构架，屋架

原有梁架、屋架大部分保存基本完好（图5-1-9）。

（3）细部装修

门、窗扇不同程度破损、缺失，具体残损详见相关图纸。三层西门厅后期吊顶被拆除，屋架外露。东门厅后期搭建吊顶，部分掉落（图5-1-6）。

（4）椽板、封檐板

椽板受潮泛白残损糟朽约50%，封檐板残损约60%。

（5）屋脊及其瓦件

保留均比较完整，屋脊外抹面略有风化，瓦面部分残损。

（6）墙体

保留较好，但出现不同程度的受潮破损和墙皮剥落，女儿墙部分残缺不齐，线脚破损不完整，局部长出杂草植物，破坏砖墙。东侧墙体边上地面垃圾杂草丛生墙基被埋残损情况不明。（图5-1-7、图5-1-8）

4. 修缮措施

（1）清理现场，将后期添加、改建、扩建的建筑物、墙体、隔扇及其他附属部分逐项拆除，保持大木构架的现状。

1. 正立面三处入口大门现为卷帘门，原木门扇缺失。窗户玻璃多处破损

2. 立面有一半贴满瓷砖，叠涩线脚出现部分破损

3. 西立面竹节雨水管脏污部分有破损，后期加设PVC雨水管

4. 东立面外粉刷层剥落严重，屋面后期搭建采光天窗

5. 西立面墙面脏污，并任意涂抹水泥漆

6. 墙面出现脏污，玻璃窗花格缺失

7. 南立面玻璃窗破损缺失多处

8. 一层墙面粉刷层剥落严重，夯土墙面外露，后期搭建台面

9. 东立面现有土坡，长满杂草，勘测不便

10. 东立面粉刷层剥落严重，砖墙外露，后期搭建屋面残留檩条

11. 玻璃破损缺失部分，后期搭建采光屋面

12. 红砖墙体部分出现松散发黑情况，出入口因地面抬高被埋

图5-1-6　现状残损分析（一）

1. 吊顶缺失，明间现状为坡道凹凸不平，杂物堆砌

2. 明间现状为坡道凹凸不平，杂物堆砌

3. 木楼梯下部分砌筑水泥台阶

4. 西次间窗户封堵，内部贴满瓷砖，地面部分坍塌

图5-1-7　现状残损分析（二）

5. 东次间内墙贴满瓷砖，墙体部分开挖墙洞做壁龛，后期做水泥台阶　　6. 吊顶发霉，部分拆除，墙面粉刷层剥落，地面墙体铺设瓷砖　　7. 窗户安装铁栏杆，纸板遮挡　　8. 一层墙面粉刷层剥落严重，夯土墙面外露，后期搭建台面

9. 吊顶不同程度发黑，墙面局部脏污，部分砖墙外露　　10. 墙角发霉，柱子被三合板包裹，残损未知　　11. 木楼梯保存基本完好　　12. 楼梯基本完好，部分脏污

图5-1-7　现状残损分析（二）（续）

1. 二层双面板壁剥落严重　　2. 二层房间地面、墙面脏污，到处张贴海报　　3. 二层墙面粉刷层被铲除部分，红砖墙外露　　4. 二层墙面脏污，墙角受潮发黑，粉刷层剥落严重

5. 二层楼梯口现状　　6. 二层杂物堆积，窗扇掉落　　7. 通往三层楼梯轻微残损，板壁粉刷面层轻微剥落　　8. 三层窗户窗框粉刷层剥落严重

图5-1-8　现状残损分析（三）

9. 吊顶拆除部分，檩条外露　　10. 三层为后期吊顶，多处拆除　　11. 二层墙面脏污，墙角受潮张贴大量纸张，吊顶多处掉落　　12. 三层墙面粉刷层剥落严重，墙体生长树根

图5-1-8　现状残损分析（三）（续）

1. 二层楼梯部分残损，后期搭建门扇窗户　　2. 后期局部三层立木柱搭建楼板　　3. 二层后期任意搭建隔断　　4. 屋架下方任意搭建台面楼板

5. 椽板部分受潮泛白　　6. 二层墙面粉刷层铲除部分，露出红砖　　7. 二层楼板轻微残损，木板壁轻微破损　　8. 后期搭建局部三层

9. 局部三层双面板壁残损严重，采光窗破损歪斜　　10. 三层后期屋架安装编织网格，墙面脏污　　11. 后期隔断，每个屋架下方用木柱支撑　　12. 通向屋顶楼梯和采光窗处部分残损

图5-1-9　现状残损分析（四）

（2）维修方式原则上采用不落架的方式进行修缮。

（3）根据现状勘测与残损状况分为两类：

①因原有建筑构架被局部拆除改建的，必须按原样修复。

②屋顶全部揭瓦，因长久失修或受力不均引起的木构件糟朽、劈裂、弯垂等残损程度超标而必须更新构件。

（4）凡在勘察或者拆卸过程中发现构件残损程度超标的（依据我国《古建筑木结构维修加固技术标准GB/T 50165—2020》），尤其是受力构件，必须予以更换，不留后患。

（5）木构件一般的残损状况

①屋面木基层（包括木椽板、木望板、木封檐板）残损超标比较严重，需要按原材料、原规格仿制更新。析木残损程度超标而需要按原材料、原规格仿制更新。

②根据现状勘察，木柱残损程度超标而需按原材料、原规格仿制更新。

③根据现状勘察，梁桁类木构件残损超标而需要按原材料、原规格仿制更新。

④对于木构件残损未超标的，按古建筑木构件传统常规的维修做法进行修补、加固或墩接。

（6）常换木构件一般规格

①杉木椽板：规格为35毫米×110毫米，门厅部分椽板间距10毫米，礼拜厅部分椽板密铺。

②杉木望板：规格为厚10毫米，与椽板垂直铺钉，且斜批相搭。门厅部分新增望板，礼拜厅部分无望板。

③封檐板：正座尺寸为180毫米×30毫米、采光窗为120毫米×30毫米（因勘测受限，封檐板残损情况未知，具体待现场施工确认）。

④地面：一层门厅新做细石混凝土地面。

（7）所有屋面铺瓦前均在望板上先刷一层桐油起防腐作用，上铺230毫米×220毫米×10毫米本瓦，瓦片按原有规格更换。以石灰砂浆加乌烟灰做扛槽扎口。屋脊以120毫米厚槽砖，M5砂浆砌砖胎，皮数按图施工，石灰砂浆砌，所有瓦片应重新按规格定制。

（8）所有墙体其高度均按图纸施工，拆砌空鼓、突闪、开裂、灰皮剥落的墙体和红砖墙，加固后表层重新抹灰粉饰或勾缝。东面夯土墙长期暴露在外，受自然侵袭，酥碱风化严重，重新补抹的灰很难与夯土墙粘合紧密，抹后容易脱落，可采用钉麻钉，就是用竹钉在墙面按上、下、左、右相距100毫米相间布钉。一般露出墙面2厘米以内，然后编麻如网状，而后再抹灰。

（9）墙上部酥碱严重的，可用砖补砌后抹灰。山墙铲除旧墙皮，用槽砖补砌或挖补夯土墙表面残破严重的洞口。面层草泥灰打底，砂灰找平，麻筋灰面层抹光。

图5-1-10 石厝教堂正立面图

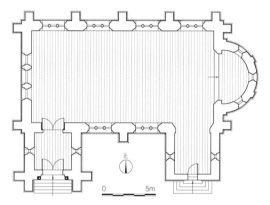

图5-1-11 平面图

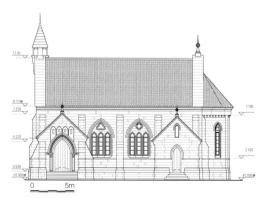

图5-1-12 南正立面图

（10）鼓胀、变形严重的灰褙应拆除重编，木骨，芦苇秆、竹片材料应先将龙骨做防腐处理，然后用草泥灰二遍打底并找平，麻筋灰面层抹光。外部照原样抹灰刷浆。灰皮剥落的，只要重新拟刷浆。灰褙酥碱、抹灰剥落严重、露出龙骨的、墙面污渍斑斑的先用火碱水洗去墙面污迹，用清水冲刷后再刷白色灰浆。墙面凹凸不平或有个别灰洞的应补抹平整后再进行刷浆。其抱框一律为110～130毫米×60毫米。明道堂为120毫米厚双面灰板壁，也有新制60毫米厚灰板壁。

二、石厝教堂

位于仓山区乐群路8号的石厝教堂，又称约翰堂。始建于清咸丰十年（1860年），由英国圣公会传教士胡约翰创办。该堂坐北朝南，占地约600平方米。该堂为外国人在仓山的聚会场所，有"国际教堂"之称。现为福建海军司令部使用，保存较为完整。1992年11月被列为市级文物保护单位。

1. 建筑形制

石厝教堂为仿哥特式建筑，整座墙体为花岗石砌成（图5-1-10），教堂主厅屋盖内由5榀跨度为8.3米，榀距为4.4米的拱形组合木屋架及圆檩作为主支撑架，屋面密铺厚30毫米半企缝屋面板。屋面板上有灰笘背层，铺板瓦筒瓦后再铺一层板瓦，两层仰板瓦与相邻筒瓦之间为中空，上层相邻板瓦间隙以乌烟灰嵌宽约75毫米的三角形座砌。

该建筑由教堂主厅、东西门厅和讲坛组成，教堂主厅面阔23米，进深10米；东门厅面阔5米，进深4.3米；西门厅面阔5.3米，进深4.3米（图5-1-11）。

2. 价值评估

石厝教堂为花岗石砌成，仿哥特式建筑，屋顶有一钟阁（图5-1-12～图5-1-15），是研究西方教堂建筑和文化内涵的范例，同时是研究当时西方在中国传教的一座实物见证。

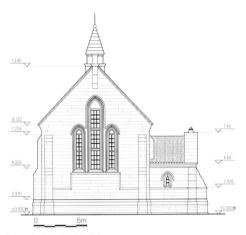

图5-1-13　西立面图

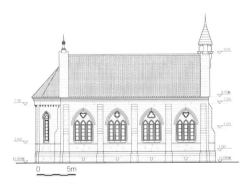

图5-1-14　北立面图

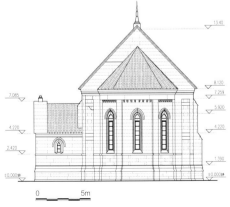

图5-1-15　东立面图

3. 损坏情况

整体保存完好，未见有明显的损坏、下沉现象，也未见因地基局部下沉引起的墙体裂缝。

1）地面

（1）木地板

该教堂室内铺地均为架空木地板，架空层为高约2米的砖墙作为地垄墙，上搁置200毫米×100毫米@500的杉木地板桁架后，密铺半企缝厚30毫米的杉木地板。

教堂主厅室内东南角有近五分之一面积的木地板，因长期漏雨失修，造成严重糟朽和霉变（其中也包括这部分的杉木地板桁），估计有30平方米左右。

（2）石地面

主要是指室外地面保存基本完好，只是两个门厅门前的石台阶现状西门厅前被改为水泥坡道、水泥台阶及水泥平台；东门厅前的台阶也被改为水泥台阶。

2）木屋盖

（1）教堂主厅

教堂主厅内有5榀跨度为8.3米、榀距为4.4米的拱形组合木屋架，其支点头分别为两层，上层靠木挑梁伸入石墙后伸出足以承托木屋架的挑梁头进行承托；下层靠石梁插入石墙后伸出足以承托木屋架的挑梁头进行承托；残损主要表现在轴南边石梁折断掉落，使其下层木屋架失去支撑。（图5-1-19）

（2）两个门厅

各有两榀跨度均为3.3米的"人"字形杉木木屋架靠插入石墙作为支撑点，保存基本完好。

（3）讲坛

采用一组为半穹顶的组合形木屋架及檩条铺设成半圆锥形的木屋盖。屋盖基本完好，瓦屋面必须重新翻修。

3）屋面

（1）木基层

主要均靠杉木檩条（160毫米×360毫米）和厚30毫米半企缝杉木屋面板铺钉成的屋面木基层。教堂主厅屋面靠南面有近

50平方米的屋面由于瓦片脱落，屋面板及杉木檩条均长时间暴露在大气中任凭风吹雨淋太阳晒难免出现较严重的残损。

（2）瓦屋面

该教堂瓦屋面基本上为砂灰座砌铺设做法。现状有五分之二的瓦屋面已呈现完全脱落或正出现脱灰滑落。主要是长期失修板瓦和筒瓦座灰油性减退，产生酥碱风化和松散；另一原因是钉在屋面板上的防滑钉，失去止滑作用，再加上屋面坡度较大，引起瓦件大量脱落。

4）门窗

所有的木门由于其门边框均采用交叉形式的木门框，不容易变形，所以至今均较为完好。

窗由于其窗扇边框过于纤细，损坏均较为严重，不但玻璃几乎全破而且窗扇边框大部损毁。

5）墙体

该教堂被谓之"石厝教堂"就是因为其房屋所有墙、柱、勒脚，基础均由花岗石砌筑而成，其形制是仿哥特式建筑，始建于清咸丰十年（1860年），至今有160余年的历史，由于年久失修，其墙体上部多处出现：灰缝脱落块石位移、砌缝扩大、块石断裂缺失、树根蔓延、墙体空鼓倾斜等现象，尤其威胁最大的要算是树根蔓延迅速造成的破坏。另外屋面漏雨，每逢下雨雨水就灌入石缝中也使小树生长更加旺盛。（图5-1-16～图5-1-20）

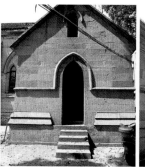

1. 南正立面现状图（西侧）　　2. 东门厅南正立面现状图　　3. 东南面现状图

图5-1-16　现状照片
（一）

4. 东北角上部石缝长树现状图　　5. 北面通气孔现状图　　6. 东南侧屋面现状图

7. 西门厅东侧面现状图　　8. 屋檐檐口残损现状图　　9. 南面檐口砌石件位移现状图

10. 西立面现状图　　11. 东门厅西面现状图　　12. 墙体出现裂缝现状图

图5-1-17　现状照片（二）

13. 钟阁残损严重现状图　　14. 东立面砌石件上长满树根现状图　　15. 东南面上部残损现状图

16. 西门厅墙窗被堵现状图　　17. 异形组合木屋架和支撑挑石脱落现状图　　18. 后期加建木隔断现状图

图5-1-18　现状照片（三）

19. 木地板严重糟朽现状图　　20. 教堂大厅到讲台台阶现状图　　21. 讲台厅上屋架木结构和墙体断裂现状图

22. 教堂大厅上屋面板缝出现见天现象　　23. 教堂大厅异形组合木屋架现状图　　24. 西内壁原上钟楼楼梯现状图

图5-1-19　现状照片（四）

25. 西内侧立面图现状　　26. 北内侧立面图现状　　27. 北内侧异形组合木屋架歪闪现状图

28. 地下室现状图　　29. 原支撑挑石断裂、脱落现状图　　30. 南立面西侧屋面残损现状图

图5-1-20　现状照片（五）

4. 修复措施

维持原有地基，其余各部分根据残损情况采取相应的修复措施：

1）地面

（1）按原材料原规格更换糟朽严重的木地板（厚30毫米半企缝杉木地板）及地板桁架（200毫米×100毫米@500），木地板估计更换的地面面积达30平方米。

（2）石地面：主要是门厅前的石台阶，按设计图进行施工，其石阶的铺法设计依据的是临近的英式教堂的门厅台阶设计。

2）木屋架

主要是修复④轴上的木屋架的下层花岗石挑托梁。

（1）首先把折断在石墙中的原石梁的残余部分，采用钻孔的办法逐渐把原石梁的残余部分全部挖出清空并量出其埋孔空间大小作为加工石梁的插入石墙部分的尺寸；

（2）选择相同的石料仿照其余完好的挑梁头外露部分的形制加工插入石墙中，大小尺寸根据量出的尺寸，按紧配合进行加工，再安装时将其埋孔内表面及托梁插入部分的外表面均涂满补石药后进行插入安装定位。

（3）最后在把掉落的木屋架的下层支点支撑在安装好的石梁上。

3）屋面

（1）揭瓦：拟全面揭瓦，在揭瓦前和揭瓦过程中应对现状瓦屋面进行进一步全面勘测和记录，包括拍照记录（记清瓦数量、铺砌方式、瓦件规格、铺砌材料），并对可利用的瓦片进行集中存放保护。

（2）对木基层：按原材料原规格更换糟朽严重超标的教堂主厅屋面靠南面有近50平方米屋面的屋面板及杉木檩条。

（3）对瓦屋面：对其残损、缺失的瓦件进行更换，瓦件不足的部分，要按原材料原规格原工艺进行控制；重新铺砌瓦屋面。

4）门窗

对糟朽严重的窗扇边框进行按原材料原形制重新制作，按原油漆做法进行油漆，更换所有缺失、残破的玻璃。

5）墙体

对靠近檐口的石砌墙体严重位移，开裂，脱落的部分进行局部拆卸后重新砌筑安装到位。

（1）在拆卸前必须对所要拆卸部位的砌石进行详细地拍摄和记录，要进行编号（包括与拆卸石块相邻的砌石）。

（2）在拆卸过程对原有的砌筑浆料进行取料分析（最好能拿到相关的材料检测分析部

门进行分拆），然后采用原有的浆料及配比作为重新安装和修复时的砌筑浆料的制作依据，若分拆有困难可采用传统油灰配料重新勾抿严实，油灰材料重量比为灰膏：生桐油：麻刀=100：20：8。

（3）对不拆卸的砌缝损坏部分的处理做法是：彻底清除所有留在石砌缝里的树根、草根、积土，必要时要采用空压机配扁形吹风嘴对着缝隙加上细铁勾抠挖帮助清除留在石砌缝里的尘土和树根，然后以油灰重新嵌缝勾抿严实。

（4）对断裂的砌块，其断面处理干净后，以预先配好的焊药其材料重量比为黄蜡：白蜡：芸香=3：1：1，掺和加热溶化后涂在断裂石构件的两面，趁热粘合压紧冷却后即可安装就位。

（5）对缺失的石砌块，按缺位的空隙大小，以同一材料进行加工后安装补上即可。

第二节　工业建筑

一、仓山春记茶会馆

1. 建筑形制与价值评估

春记茶行位于福州仓山区共和路22～24号（原为共和路1号），二层砖木结构，始建于清光绪年间，为泛船浦日商春记茶行所建，坐北朝南，占地面积1300平方米。1905年起，由革命党人林前铭商借"日商"的春记茶行，秘密设立革命社团领导人聚议所。其大门镌刻有一副藏头联，上联："春满闽山 艳说旗枪真有价"，下联："记游浙水 争传龙井本无双"。其中的"春""记"，是具有历史纪念意义的革命活动旧址，中华人民共和国成立后作为居民住房使用。

该建筑主要由大门、围墙、院落天井、主座组成。其主座为12间排双层砖木结构。外立面墙体均为红砖砌筑，内部隔扇墙为双面木骨灰板壁，面阔十二开间，通面阔44.15米，进深两间，通进深15.27米。一层前带连拱通廊，分前后房间，后房均设有一个曲弯三跑式木楼梯，二层楼不设通廊，每开间都是一个独立单元，且均有专用楼梯间，二层阁楼后部有错层（图5-2-1）。主座屋盖部分为三角形木屋架组合成的四坡顶木构架，屋面为四坡顶，铺瓦为福州本瓦铺砌形式。其结构为砖木混合三角形木屋架及木楼面，屋身部分主要为砖墙承重，木骨灰板壁作为前后房间隔扇，不起重要承重作用。建筑形式为中西合璧式。由于房屋历史久远，长年失修，部分墙体下沉开裂，窗户破损，瓦屋面残损比较严重。但基本结构形制保存较为完整，平面形式显长方形，在结构上采用传统的砖木结构形式，在外立面墙体

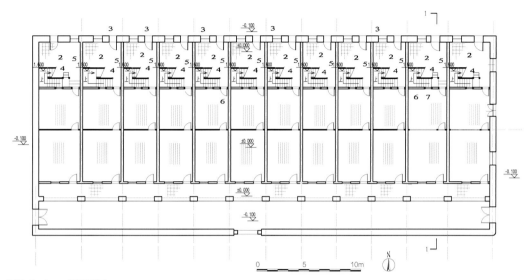

图5-2-1　一层平面图

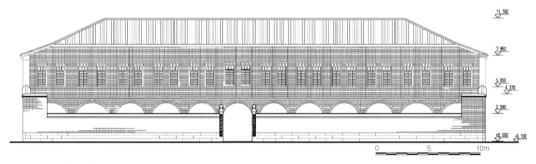

图5-2-2　沿巷围墙南立面图

上采用了西洋式建筑风格，如砖柱连拱廊形式门洞，砖饰角线等。都能体现福州地区民国时期的时代特征。（图5-2-2~图5-2-7）

　　春记茶行至今已有一百多年的历史，为福州最早的中西合璧式建筑之一。于第二次全国文物普查后（1991年）公布为文物登记点。本建筑形式为福州最早中西合璧式，建筑本身是研究该时期民国建筑的宝贵实物资料。

　　2. 残损评估

　　主体结构为砖木结构，据初步观测，其结构基本稳定，但在屋架、装修、顶棚、地板、隔墙墙面墙体、屋顶瓦面等方面，均存在不同程度的残损。主要建筑在后期使用过程中居民因居住需求进行搭盖、改建，而改变了原状，而且因长期缺乏修缮导致屋面破损漏雨，造成部分构架糟朽。

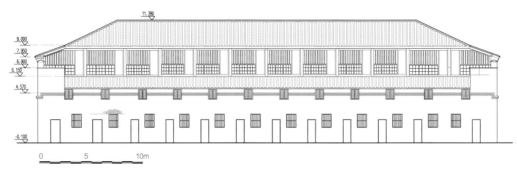

图5-2-3　背立面图

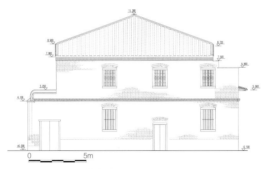

图5-2-4　沿巷围墙东立面图

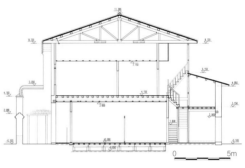

图5-2-5　剖面图

图5-2-6　沿街巷立面现状图

图5-2-7　沿街巷东立面图

　　木构件部分损坏主要表现在：屋架部分腐朽程度轻重不等，多数属轻度；楼板、地板破损腐朽较严重；部分隔墙形制改变，后期搭盖严重；装修部分门、窗扇破损或缺失，顶棚吊顶破损；部分室内地面后期改为水泥地面；围墙部分其表面及墙帽表面抹灰层剥落严重，局部墙体有下沉开裂。（图5-2-8）

一层（东3）楼梯破损现状　　二层（东3）楼梯破损现状　　（东3）二层楼梯现状　　（东3）二层楼梯处北侧墙体现状

二层（东3）后房北侧墙体现状　　（东3）楼梯上方天棚现状　　（东3）二层后檐槛窗破损现状　　（东3）二层楼梯处南侧门现状

（东3）二层灰板壁隔断门现状　　（东3）二层南立面窗户现状　　（东3）二层墙体破损现状　　（东3）二层地面破损现状

图5-2-8　东3梯房间残损情况

主要残损现状：

（1）正脊，垂脊局部断裂，表面抹灰层脱落，屋面瓦片酥碱、部分碎裂。

（2）主座正立面墙体（西第三间二层）下沉开裂严重。砖柱拱形门后期均搭建成隔断门，一层立面门窗墙大部分住户后期向后移动60多厘米，部分住户一层地面后期改为水泥地面，上二层木楼梯糟朽松动，部分住户后期修复改动过，后房后期搭盖较为严重，大部灰板壁墙后期用砖墙修复。

（3）主座东侧面墙体后期另开设门窗，墙体开裂，主座西侧面墙体门窗因邻座搭建被封堵，主座背立面墙体因破损后期改动较为严重。

（4）主座前围墙及通道后期搭建严重，大部分被住户搭建成水池和淋浴房。东西两侧通道门扇缺失，围墙墙体开裂，墙帽表面抹灰层剥落。

3. 迁移的必要性及可行性

目前，因该地块需进行旧屋区改造，原有地块面积不足以安置众多人口，需将该文物进行异地迁建至泛船浦教堂西侧拟建设的朝阳公园地块内。

经城市规划部门及文物部门充分研究，并对新迁地点进行勘查评估，审批决定对该文物采取易地修复保护。

对残损严重的艺术木构件、立面砖饰线，在其主要遗存面貌、轮廓未完全消失前，应进行仔细测绘和拍摄纪录，对可移动的艺术构件应予以谨慎拆卸，妥当保存。以便在易地修复时，予以仿制和原遗存的安装，以获得最大化的艺术和历史信息的保留。

4. 易地修复内容

（1）在新址所有墙体的基础根据施工图纸要求进行施工。

（2）所有墙体的勒脚、砌筑材料、砌筑形制、墙帽形式，粉刷要求除应根据施工图纸要求进行施工外，还应对照原有建筑的照片，原有粉刷做法（如门墙的粉刷部分）按原材料、原工艺、原图案、原艺术形式进行修复。

在旧墙拆卸过程中，必须随时对内部结构砌法进行拍摄和文字记录。

（3）木结构在拆卸过程，应对木构件交接的榫卯结构，及时地测量绘制和拍摄纪录。

（4）经初步勘察：从现状木构件残毁情况看，由于年久失修，难免有不少木构件出现不同程度的老化朽烂。

①各建筑的屋面木基层其椽板、望板，由于长期受潮，现状已大部分老化腐朽，其强度大为降低，其残损程度大多已经超标，经拆卸后再重新安装，其损坏程度要加剧，估计这些木构件能够到异地重新起用的为数不多，绝大多数必须更换，估计木椽板和望板应大部分依原样仿制安装。

②桁木：按其残毁评定标准，其表面腐朽变质所占截面与截面之比 $\rho > \dfrac{1}{6}$，桁条挠度 $\omega_1 > \dfrac{\ell}{150}$；桁条侧向变形 $\omega_1 > \dfrac{\ell}{150}$；桁条支承面小于60毫米的都定为残损程度超标应予以更换，据现测其更换对象约为三分之一以上。

③承重木柱：按其残损详定标准，木材腐朽及老化变质 $\rho > \dfrac{1}{6}$，心腐四分之一或敲击有空鼓音，都认为残损超标，其必须主损和补充的有三分之一的数量。

④木梁（枋）按其残损评定标准，木材腐朽及老化变质 $\rho > \dfrac{1}{6}$；虫蛀有白蚁洞或未见孔洞，但敲击有空鼓音的；梁枋下挠心 $\omega_1 > \dfrac{\ell}{150}$ 的，侧向弯曲 $\omega_2 > \dfrac{\ell}{200}$。榫头的榫眼宽度超

过构件宽度三分之一的，都认为残损超标，其残损率也有30%。

⑤现状已经缺的木构件或艺术构件，应根据现有的相应木构件的形制以同材料仿制安装。

⑥所有木骨灰板壁易地修复时，须重新按传统做法的同材料、同工艺重新制安。

⑦在施工基础部分的同时，必须按图纸做好给水排水设施的施工。

⑧屋面铺220毫米×220毫米本瓦以石灰混合砂浆加乌烟灰做扛槽扛口。

⑨拆下石构件，如石门框、石匝、石勒脚、石台阶、天井地板石、神龛石座石雕等均必须进行构件编号，以及做好编号草图以便安装对号入座，恢复原貌。对缺失的石构件，应以原材料重新制安配齐。

⑩所有木构件在安装过程和安装结束后均应进行白蚁药的喷涂工作。

第三节　宅第民居

一、采峰别墅

1. 建筑形制

采峰别墅位于福州市大庙山东麓，从台江区上杭路122号进入，由大门、坊门、门墙、庭院主体建筑、附属建筑和园林、假山、亭榭等组成。（图5-3-1）别墅四周配以砖砌高墙，朝向正南，东南角为主入口。主体建筑和附属建筑均为上下两层。首层离地架空约80厘米高，部分设有地下室。主体建筑平面布局呈"凹"字形，南面两侧耳房为八角形，第二层北、东、西面设开敞式挑廊相连。主座东西侧设有半园形观景阳台，屋面大部分为四坡顶斜屋面。整座建筑外部砖墙立面装饰简洁（图5-3-2、图5-3-3），而室内设有古典式壁橱、角柱等。门窗上部采用中国古典花格式样，下部为普通玻璃，外安装百叶窗。一层客厅，次间地面用防水印花水泥砖铺地，东西两侧主卧为木地板。主座二层均为木板楼面。主要建材地砖、木材等均从海外运来，砌墙用砖系专门烧制，上有"采峰"字样。

2. 历史概况

采峰别墅的主人杨鸿斌（1884~1974年），字文明，福州长汀村人。幼时家境贫寒，19岁随友赴马来西亚槟城谋生，进商场当学徒。因聪颖好学，勤奋干练，深受老板器重，被破格升至商场经理，不久取得老板允许，多方集资独立创办"振兴"公司经营进出口贸易，兼发展橡胶林、椰林种植业。因经营有方，历数年艰苦创业发展成为槟城商业巨擘。杨鸿斌生性慈祥，谦恭待人，热心公益事业。为团结、联络在槟城的福州籍华侨乡亲，他发起成立"槟城福州会馆",担任永久理事长;并出资购买地皮建会馆馆址。人们为表彰他对会馆的贡献,把会馆大礼堂命名为"杨鸿斌礼堂"。为使福州籍华人子女能受到良好的教育,杨鸿斌出资创办槟城"三山学校",自任校建委主席。此外,他还担任"福建公会"和槟城"平章会馆"信理员及其他社团要职,成为马来西亚槟城的著名爱国侨领。杨鸿斌于民国九年(1920年)从海外运来建筑材料,在福州上杭街大庙山置地建别墅,取名"采峰别墅"。"采峰",体现中国传统的择地要素,讲求天人合一、阴阳和谐。宅院择地大庙山,此山海拔不过三四十米,面积也只七八公顷,却是福州古代文明发祥地之一。早在2200多年前无诸被汉高祖封为闽越王时,就在此筑高台举行隆重的册封仪式,后人在山上建闽越王庙,俗称大庙,山也由此而得名。之后又有东越王余善在此山筑钓龙台,至今遗迹尚存。千百年来,大庙山一直是福州南台市民登高游览胜地。"采峰"意为采五座山峰之灵气,指阳宅坐落大庙山,背靠乌石山,面对藤山,左鼓山,右旗山。"别墅",则是西方叫法,名称本身就有中西合璧的韵味。该别墅从动工至落成仅花五个月时间。占地面积2000多平方米,建筑面积800多平方米。别墅建筑集西式技法和中国古典建筑材料于一体,解决了建筑物的大跨度、大出挑等技术问题(图5-3-4)。建筑形式丰富,建筑规模比传统建筑更加堂皇高大,是福州市近代

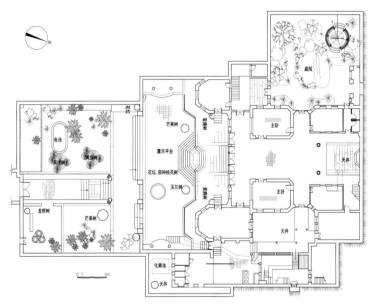

图5-3-1 采峰别墅一层平面图

图5-3-2 入口空间

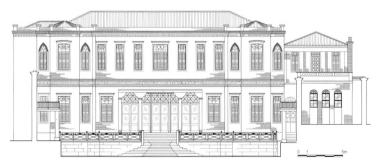

图5-3-3 正立面图

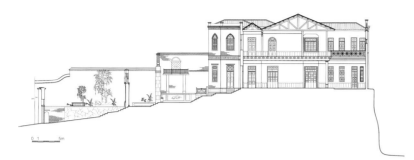

图5-3-4　剖面图

图5-3-5　坊门顶上长有杂草，抹灰层剥落

图5-3-6　拱形门洞抹灰层剥落

民居和别墅建筑的优秀作品和重要历史遗产。

3. 建筑勘测概况

采峰别墅占地面积2260平方米。该建筑群主体由大门、坊门、门墙、庭院主体砖混大楼、附属楼和园林、假山、亭榭等组成。

1）大门

设在南面围墙正中，为双开推拉铁门，铁门上方设有灰塑匾框，两侧也各有边门，通往两侧外院落后天井。现存铁门严重生锈、破损，墙面上长有杂树，墙体开裂，灰层及灰塑匾脱落无存。

2）前花园

通过铁门有一道十几米长的条石斜坡，坡道两侧为毛石砌筑的护坡墙，两侧上部为主座前花园，植有芒果树及其他植物。西侧前花园上设有鱼池及地下室，东侧花园前部有水井。现存斜坡条石地面，沉降严重，部分条石断裂，条石缝隙间长满杂草，两侧护坡墙毛石松动，并长有杂树。西侧花园上长满杂草，鱼池残破，内积满尘土及落叶，地下室内墙体表面灰层脱落，地面凹凸不平。东侧前花园前部堆满垃圾杂土，把水井盖住。

3）坊门与门墙

斜坡道顶上为砖混砌筑的坊门，为西洋式造型。现存坊门顶上长有杂草，部分墙体开裂，灰层脱落，内砖墙裸露（图5-3-5）。

通过坊门约四米多，是一道门墙，该门墙由三堵墙体主成，东侧为拱形门洞，有三级台阶，西侧敞开式，有四级台阶（图5-3-6）。墙体上部有砖砌花格造型及西洋风格的装饰柱。现存门墙灰层脱落，内砖墙裸露，墙上长有杂草，部分墙体开裂，墙顶上砖砌花格及装饰柱破损较严重。

门墙与主座之间是一块露天平台，东西宽25米，南北宽8.5米。平台上植有芒果树和白玉兰树，地面为三合土，东西两侧设有半圆形观景台。现状西侧观景台尚存，东侧观景台坍塌无存。迎面主座为七级条板石台阶。现存地面三合土龟裂破损，条石台阶下沉，开裂。

图5-3-7 主座入口现状

图5-3-8 后廊屋局部坍塌,木构架支撑

图5-3-9 西侧房屋破损严重

图5-3-10 附属楼墙体抹灰层剥落严重

4)主座

主座正立面为青砖墙体,保存较好,正大门为六扇嵌玻璃的楠木板门,两侧凸出为八角楼耳房,相对开两扇双开门(楠木),正立面窗户为石框双层的楠木窗,外扇设百叶窗,内扇为玻璃木格窗。主座南立面青砖墙大门上石窗过梁处发现有轻度断裂和墙体开裂。进入大门为前廊及大厅,前廊两端各有两个双开门,西侧进去为上二层的木楼梯,因二层前楼廊的屋面及其楼板坍塌无法勘测,东侧八角楼耳房,其屋面、二层楼板及部分墙体坍塌,现残墙上还长有杂草。大厅两侧为主卧室,主卧室地面为木地板,西侧主卧室木地面破损较为严重。大厅过后为后楼廊屋及后天井,后楼廊屋两端各有四扇的门,西侧通往后庭院,因墙体开裂,门扇破损较严重,东侧通往附属楼,门扇保存较好。后天井地面为条板石,两侧一层、二层为次卧室,天井西侧一层后面设有卫生间,天井东侧后面设有上二层的楼梯。从楼梯边门进去为供奉房。天井下面设有地下室,地下室进口设在东侧次卧室的西北角。现存天井西侧房子破损较严重,墙体开裂,楼层塌陷,东侧供房的墙体也开裂破损,部分坍塌。(图5-3-7、图5-3-8)

5)附属楼

为二层砖混楼房,在主座东侧面,内设有洗澡室、卫生间、厨房,在东侧的北面还设有酒窖及蓄存间。现存南外立面墙体开裂,墙体上长有杂树,灰层脱落且二层阳台的花格栏杆破损较严重(图5-3-9、图5-3-10)。后花园:在主座的西侧面,从主座的后廊门进,花园的南面也可通往主座前廊,用鹅卵石铺设小道,建有假山、亭子、水池等。

原北侧开有大门,通往外面。现存花园内长满杂草,假山、亭子坍塌。北侧通往外面的门也被砖块封堵。

4．残损评估

（1）大门、围墙：大门铁门破损生锈，墙上长有杂树杂草，墙体开裂，破损。围墙表面抹灰剥落，部分墙体闪斜，墙帽破损。进门斜坡走道条石下沉移位。前坊门破损开裂，混合灰层脱落，门墙墙体开裂，灰层脱落，上部装饰花格破损并长满杂草。

（2）主座：正立面墙体保存较好，二层前楼廊及两耳房屋面及楼板坍塌，主座西侧前楼梯糟朽倒塌。部分墙体坍塌，主座东、西两侧墙体破损开裂较严重，其安全性、可靠性有待请有关部门探明后方能确定。二层前楼廊梁架糟朽坍塌；上下层吊顶破损严重；西侧后次间二层楼板糟朽破损严重，板壁墙体开裂。一层、二层大厅的墙裙板部分糟朽破损，门窗扇破损，部分门窗扇缺失；屋架大木结构整体稳定。

（3）附属建筑：东侧厨房南外立面墙体开裂破损，墙体灰层脱落，一层卫生间木隔断糟朽破损严重，窗扇缺失。二层吊顶破损严重，部分门窗扇破损缺失；屋架大木结构整体稳定。

东侧北面酒窖门窗破损，二层楼板糟朽破损，部分木隔断破损缺失，二层吊顶破损严重，屋架大木结构整体稳定。

主座西侧南、北开敞式挑廊坍塌无存。西侧后花园假山及亭子倒塌无存，现长满杂草。主座前东侧半圆形观景阳台缺失。

5．修复措施

1）大门及围墙

按原造型更换双开推拉铁门，拆卸大门所在的南侧危墙，墙体拆卸后加固基础，并参照原墙体砌筑工艺修复，危墙在拆卸前与重建过程所牵设到的灰塑、漏窗、两侧边门等重新复原修复。对东、西、北面围墙墙体表层残留附着、空鼓部分全部铲除干净，重新抹灰粉刷并与原涂料色彩比对进行装饰，尽量保留现存较好的原外墙表层。

2）前花园

重新调整斜坡道沉降的条石，清除杂草，重整两侧护坡毛石，清除护墙上的杂树。

清理前花园内的杂草，杂树及尘土垃圾，按原样修复西侧花园的鱼池及边上的花坛。

3）坊门与门墙

清除坊门与门墙墙体上长有的杂树杂草，修补开裂的墙体，铲除墙体表面旧灰层，重新抹灰，按原样修复门墙上的砖花。（图5-3-11）

4）主座及附属建筑

（1）屋顶瓦面：揭顶前严格进行现状记录、拍照、补测尺寸、统计瓦件数量，并分类码放。瓦件揭取之后经挑选尽量利用。根据设计图纸和拆除记录、照片等资料，更换糟朽椽子、封檐板、望板及所有残损瓦件，其尺寸规格与屋面原垄数、原式样、原风格和材料应相

图5-3-11　拱形门洞抹灰层修复

图5-3-12　修复后的大厅空间

图5-3-13　修复后的天井空间

图5-3-14　加固修缮后的后廊空间

图5-3-15　修复后砖墙与百叶窗的立面

图5-3-16　附属楼修复

符。重砌各脊饰，恢复屋面原貌。

（2）墙体墙面：对主座及附属建筑正立面青砖墙上有裂缝的和主座上部破损的女儿墙重新修复。对主座两侧红砖墙体及内部夹板墙有开裂，歪闪，部分倒塌的，采用局部拆卸后加固基础（现存二层楼面梁架应采用支顶方法保护），并参照原墙体砌筑工艺修复，恢复原建筑风格及工艺的统一性、整体性。（图5-3-12～图5-3-16）

（3）地面、木地板：清理一层地面现存不一的残物，对一层地面原材料进行考证后再进行材料的选定与铺地施工。对现存木地板、楼板进行细致筛选，尽量保留利用，对糟朽、开裂以及坍塌的给予更换和补配，并做好防腐防虫处理。

（4）装修：对缺失的门窗按原尺寸规格及材料重新制作补配，对现存门窗残损部分进行镶补和榫卯节点加固。主座前西侧木楼梯参照主座东侧后廊现有保存较完善的木梯样式重新修复。对主座一层、二层的天花吊顶参照原造型重新修复。

（5）油饰的维修：新构件进行着底色，并涂刷桐油随旧；原构件为了保护木材，均涂刷桐油钻生。

5）后庭院

清理后庭院杂草杂土及坍塌的亭子、假山。按原位置重新恢复亭子与假山。

二、陈绍宽故居

1. 历史概况

陈绍宽故居位于福州市仓山区胪雷村，胪雷村距市区中心13公里。故居于1921年由陈绍宽的父亲陈伊犁主持兴建，1960年重修。陈绍宽退出国民党海军后，一直居住于此，主建筑占地1096平方米，坐北朝南，周边设封火墙。主座西侧有占地3122平方米的花园，园中有假山、泮池、大鱼池、六角亭等。现为村委会使用，保存完好。

该建筑不少木雕、墙头灰塑彩画精美绝伦，明间厅屏花架为一斗三升异形栱形式，雀替等艺术构件雕饰较为精美，这又给后代留下难得的建筑艺术财富，是研究福州地区大户院落清代建筑规制的难得实物载体。

该建筑内悬挂"海军上将"牌匾，对研究近代军事历史有深远的意义。

陈绍宽故居1986年被列为区级文物保护单位，1991年被列为福州市名人故居。

2. 建筑形制

该主体建筑面阔五间，通面阔为21.9米，进深为46米。由入口门埕、门厅、前天井、左右披榭、主座、后天井、左右披榭、后祭厅等组成，其木构形制为清末福州穿斗式木构架建筑，（图5-3-21）整个主体院落外观为典型的民国时期艺术风格，突破了清代古建自由式的建筑模式，创造了特有的艺术风貌，丰富和发展了福州古建筑的外墙造型模式，尤其是门、窗洞采用拱券，其与建筑的有机结合，起到了锦上添花、画龙点睛的效果。

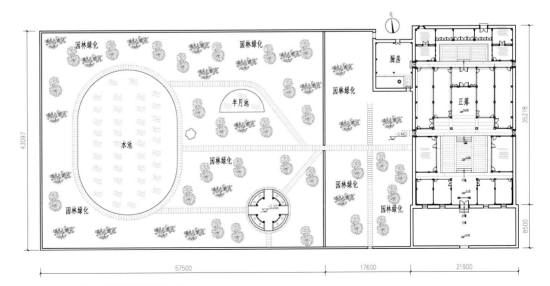

图5-3-17　陈绍宽故居整体平面布局

（图5-3-18~图5-3-20）而且其围墙、木构架、木装饰、灰塑都有较高的科学价值和艺术价值。故居内条石铺地，墙檐彩色灰塑花卉图案，花格门窗上拼有"周公六行、管子四维""世守共和、家传孝友"等字。主座西侧有占地4143平方米的花园，园中有假山、泮池、大鱼池、六角亭等。（图5-3-17~图5-3-26）

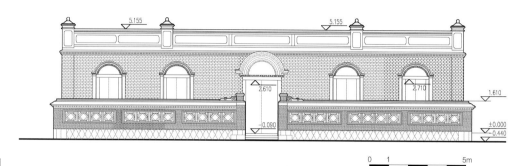

图5-3-18 正落正立面图

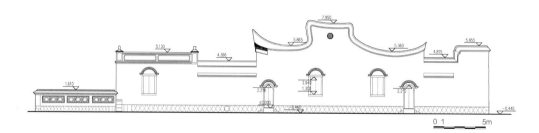

图5-3-19 东立面图

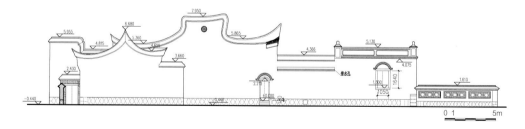

图5-3-20 西立面图

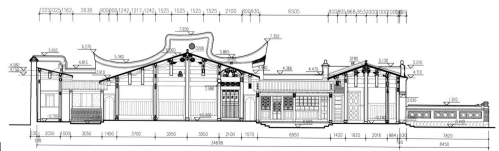

图5-3-21 明间横向剖面图

3. 残损评估

1）建筑各部位残损情况分析

（1）整个结构保存较好，但由于地质关系，地基不均匀沉降较为严重，造成多处墙体裂缝和地基下沉，特别是天井石下沉走闪较为明显。

（2）所有墙体外表面粉刷层脱落、酥碱严重，墙头长满杂草。

（3）门框上精美灰塑脱落严重，彩绘褪色严重。

（4）原木地板部分被改建为水泥地面，部分留存但残损严重。

（5）主座次间、梢间木板墙壁，由于长期包柱、不通风，潮湿造成70%的木柱糟朽。

（6）整个建筑屋面木基层存在较严重的糟朽、老化情况，但对目前来说漏雨问题还不算很突出，本工程由于受时间等各种原因制约，等损坏、糟朽的构件待迁建拆除时，进一步确认。

外墙颜色由于年久失修，以及后人的使用或改建，使原主体建筑外墙退化，特别是前门厅左右外墙的青水砖墙被粉刷层覆盖。

（7）主体建筑东立面中部被加搭广告栏。

2）损坏的主要原因

（1）虽然经前三年的重新整修加固，但不彻底，都只停留在抢救性维修阶段。

（2）也存在使用不当的因素，如：为满足使用功能需要，在装修方法上，采用了吊顶、包柱、遮掩等做法使木构件长期处于潮湿的环境，不具备通风、排湿的条件，促使大量的白蚁滋生，榫卯糟朽。

（3）屋面由于木基层不平整和糟朽也引发屋面渗漏情况发生，这也是对木构件保护造成的最大威胁。

3）安全评估结论

由于长期使用且缺少有效的维护手段，屋面雨水渗漏，木构架通风不善，白蚁得不到有效控制，致使该建筑主体梁架结构的主要受力构件糟朽，承载能力被削弱。个别主要受力构件的损坏也使建筑安全度处于危险状态，存在极大的安全隐患，而精美的艺术构件也面临损坏的危险。

评估结论：经前三年的重新整修加固后，其建筑安全度应算比较安全。

但是现病害造成的损坏状况还在继续发展，应尽早采取有效措施予以保护和维修，使文物本体更加完好。

由于火车南站建设周边建筑物还没确定和稳定下来，所以对陈宽绍故居修复分为两次修复，本次修缮主要是外立面整治、原园林围墙加高、增加一个照壁。

4. 保护修复措施

1）修复内容

依据现状勘测与安全评估报告采取相应的保护修复措施，具体的修复内容包括：按原平面布局修复地面（图5-3-22）、清理外墙表面杂物部分、外墙粉刷层、石勒脚、墙体裂缝、残损的修复、灰塑的保护、女儿墙的修补、门埕围墙墙帽残损的修复、砖花窗的修复、加做照壁、园林围墙加高等。

2）具体修复措施

（1）将现有墙帽、墙体上的杂草、乱搭建的电线和广告栏，清理干净。

（2）先把松散砖块和残损勾缝清理干净按原规格、形制进行补配修复，将前门厅两侧原粉刷面层打掉清洗干净，后连同前面重新涂上蓝色。（图5-3-23～图5-3-25）

（3）对有松动石勒脚构件重新加固。

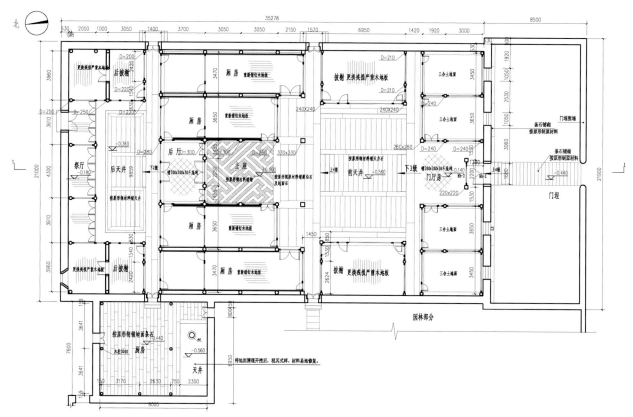

图5-3-22　一层设计平面图

图5-3-23　正立面修复

图5-3-24　侧立面修复

图5-3-25　整体立面修复后效果

图5-3-26　修复后的园林
六角亭

（4）对北立面墙体上裂缝，由结构专业确定基础是否稳定，若稳定就采取灌浆进行补合裂缝，若基础不稳定就拆除现有墙体重新砌筑。

（5）对所有的灰塑加以保护，把上面灰尘清理干净后，重新彩绘。

（6）对所有残损女儿墙参照临近完好女儿墙按原形形式制进行重新修复。

（7）对门埕围墙墙帽残损按原形制重新修复，并且恢复西面围墙的砖花窗（参照东面进行修复）。

（8）参照福州地区古民居门墙风格，进行重新设计照壁。

（9）在确保园林围墙基础牢固的情况下，对围墙进行适当加高。

第四节　金融商贸建筑

一、黄恒盛布行

福州的双杭商业片区崛起于明代。清代中期至民国初年，此地成为辐射全省、沟通海内外的商品集散地，聚集了260多家商行，经营物资多达500多种。坐落在上杭路217号的黄恒盛布行，占地317平方米，建筑面积为731平方米，为两层半的框架结构建筑，其方位坐南朝北，偏东16°。该建筑是创办于晚清的"黄恒盛布行"旧址，专门销售高档的丝绸和布料，为中西建筑相融合的典型代表。2013年被评为第八批省级文物保护单位。

1. 历史概况

鸦片战争后，福州作为"五口通商"口岸开埠，客商频繁往来上下杭。民国时期，这一地区的商贾文化达到高潮。位于上杭路217号的黄恒盛布行，其前身为"恒盛布店"，这家布行的布品上乘，在福州当时生意兴隆，远销省内外，而布行主人黄瞻鳌、黄瞻鸿两兄弟的黄氏家族更是当时的名门望族，号称有"百万家产"，其家族拥有着钱庄、布庄、酒库、煤矿等多家企业。中华人民共和国成立后，布行收归为"中国人民解放军第三野战军第十兵团"的司令部。"文革"后，建筑移交给航管局系统作为职工宿舍，如今院建筑内部多处被后人改建加建，较为破败。

2. 价值评估

1）历史人文价值

黄家三代经商，第一代为黄瞻鳌、黄瞻鸿兄弟；第二代是黄瞻鸿之子黄如涛；第三代是黄瞻鳌之孙黄骏霖，在福州商界传为佳话。

黄瞻鳌、黄瞻鸿兄弟分别生于清同治元年（1862年）和同治二年（1863年），福州南郊义序乡尚堡村人。黄瞻鳌13岁时，因其父的关系进入上杭街"林恒盛"染布行当学徒。他聪明好学，认真肯干，甚得店东家林裕源的赏识。不久他应招入股，并结为姻亲，主持行务。清光绪十六年（1890年），林裕源辞世。其子林桂芳及两位股东不善经营，便将店盘于黄瞻鳌，黄瞻鳌将店迁往上杭街，将招牌更名为"黄恒盛"布行。他独立经营后，业务发展迅速，批发量占市场80%以上，成为布行的大户。

黄瞻鸿，少年时在私塾攻读古文，文化程度较高。卸任广东永安知县后回福州助兄管理"黄恒盛"企业。他社交能力强，常代表家业参加商会活动，成为福州商界的活跃人物。1911年被推举为福州棉布业公帮帮首，并与人联营"恒孚"当铺。1915年当选为福州总商会会长。

1919年五四运动期间，黄氏兄弟站在抵制日货的对立面，大量购进日本布匹屯在"黄恒盛"布行内。福州学联获悉后派人到布行检查，但遭到预伏在布行内的暴徒围殴，导致三名学生受重伤，一名校厨工身亡。福建督军李厚基镇压学生的爱国行动，反诬学生为"乱党"，引发学生罢课、商人罢市，坚决要求缉拿黄氏兄弟归案法办，此为轰动福州的"黄案事件"。迫于压力，两兄弟被当局拘捕后保释，黄瞻鸿被罢免商会会长职务。而由此事件引发的"台江事件"更是引起全国大规模的群众集会和示威游行，声讨日本侵略者在福州犯下的滔天罪行，李大钊特为"台江事件"发表文章，揭露日本口头讲"中日亲善"，实际上是"日本人的铁棍、手枪和中国人民的头颅、血肉亲善"。

因为"台江事件"的影响，"黄恒盛布行"受到巨大的冲击，鼎盛的黄家家业开始出现颓势。1924年，黄瞻鳌去世后，黄家由黄如涛接管。此后，黄家开始转向工交企业投资，但连年战争，工商业萧条，家业每况愈下，在其子孙黄骏霖手中逐渐走向衰落。福州解放后，黄骏霖参加市工商联筹备工作。1950~1952年，他被推举为民建福州市分会和市工商联筹委、市民建专职秘书长。1955年应聘为福建师范学院教授。翌年因工作需要调回当选为福州市副市长。1991年病逝，寿80岁。

2）建筑科学价值

黄恒盛布行在建筑功能布局、营建材料上有着较高的研究价值。布局上，由于"风水"上的考量，店的门面与建筑立面产生一定的夹角。建筑一层为布行营业大堂，其内摆满了长长的柜台。二层为布行办公室、账房，站在二层通过中央一个方形的采光井，就可观察下面的买卖情况。三层为仓库，通过建筑后部竖向货物吊升井，使得货物能直达三层，这样的布局使得建筑各层功能分布有序，动静分明。在营建材料上，使用了当时比较新颖的钢筋混凝土框架结构，使得空间高大开敞。由于三层功能为仓库，在三层板底还使用了梁下加腋，以提高梁两端的抗剪承载力，增加上部的震动荷载。建筑中央顶部的采光玻璃天窗则运用了钢构嵌木装置玻璃，达到四面采光。这些先进的材料运用在民国时期具有一定的先进性。

3）建筑艺术价值

黄恒盛布行在建筑正立面上采用了西方古典建筑三段式，由首层石砌的柱礅部分、二层爱奥尼柱式及顶部女儿墙组成。建筑立面刚硬的西式构图与中式的细节装饰融合的较好，如哥特式的尖拱门门框上的石雕则是中式的宝瓶卷草纹样，阳台上的牛腿线脚也采用了卷草浅浮雕。建筑内部的采光井栏杆采用了简洁几何样式的铁艺栏杆，首层地面采用了进口的花砖，这些都是研究福州地区民国时期中西合璧建筑装饰很好的案例。

3. 建筑形制

始建于1890年的黄恒盛布行，占地317平方米，为两层半的框架结构（图5-4-1~图5-4-4）。建筑西邻上杭路219-233号，东接上杭路205号，南靠其附属楼（店员住宿，已改建）。整体建筑坐南朝北，面向彩气山。建筑基地较为方正，东西面阔三间，总面阔最宽处15.22米，最窄处13.5米，南北进深四间，总进深21.58米。

由于建筑南、东、西三面均有相邻建筑，这三个立面处理较为简洁，仅为框架柱梁（外露）及填充青砖墙（五顺一丁砌筑）。而北侧立面作为主要入店门面，采用了西方古典建筑三段式立面形式，一层为四组石砌的柱礅部分，宽1.13米，体量粗壮、厚重。（图5-4-5、图5-4-6）石柱礅面采用前后凹凸叠砌，柱头由点、线、面几何纹样组成，具有较强的视觉冲击，中部两个柱礅间设置哥特式的尖拱门。东西两柱礅间经现场勘验，有门洞存在的构件遗存。在福州解放初期的改造中，洞口被封堵为墙体，其砌筑形式与周边柱礅进退叠砌相互协调，且均为槽砖砌筑，草泥灰打底，浅乌烟灰仿石抹面。一层立面与二层立面通过0.32米高的简洁线脚过度，二层立面中部由爱奥尼柱式及圆采光窗组成，窗下有2.38米长，1.23米高的石牌面，内阴刻"恒盛"二字。东西两柱礅间开设门洞并设铁艺栏杆阳台1.5米长，0.6米宽。北侧立面顶部由1.2米高的女儿墙围挡，墙身灰塑与一层同样式的点、线、面几何纹样。

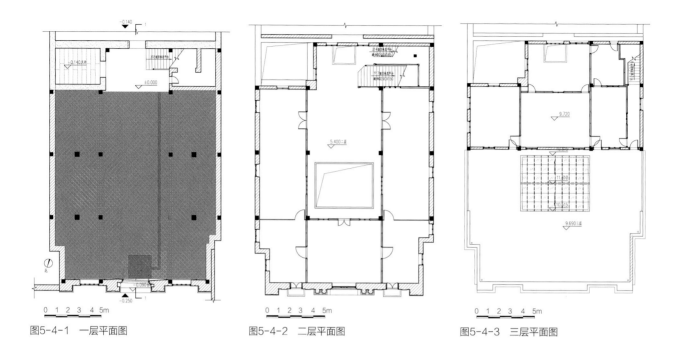

图5-4-1 一层平面图

图5-4-2 二层平面图

图5-4-3 三层平面图

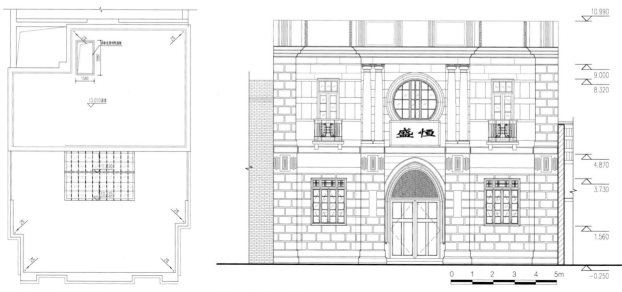

图5-4-4 屋顶平面图

图5-4-5 正立面图

图5-4-6　正立面现状

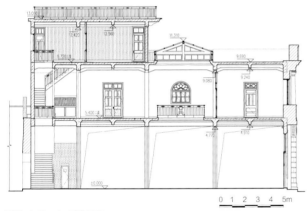

图5-4-7　1-1剖面图

一层建筑空间：入店门面与建筑立面产生2.81°的夹角，一层为布行为营业大堂，北、东、西为500毫米厚的砖砌填充墙体，大堂仅有6根混凝土框架柱，300毫米×300毫米露明，面层薄板100毫米×10毫米贴面，其余框架柱靠紧外墙。一层板底净高5.23米，上部主混凝土梁断面470毫米×300毫米，次混凝土梁断面330毫米×210毫米，梁边灰塑线脚高160毫米，顶板厚160毫米。室内地面由200毫米×200毫米×20毫米进口花砖铺至D轴，余部为混凝土地面。D轴交1~3轴，E轴南侧均为500~650毫米的夯土墙，推断为始建时期借用临户外墙加以改造（详见相关图纸）。南侧墙体中心开设1.46米，高2.75米的拱门洞（不设门扇），为当时布行伙计通向后进附属楼的通道。在一层大堂的西南角为楼梯间，设36级混凝土楼梯至二层，踏步宽度为1.84米，高度为0.15米。一层的东南角经过现场开挖，探挖出原天井部分条石地面，推断为当时的内天井地面。

二层建筑空间：二层为布行办公室、账房，其柱位与一层一一对应，但外墙比一层在内部减薄为380毫米厚。二层板底净高4.13米，上部主混凝土梁断面450毫米×300毫米，梁下加腋长500毫米，次混凝土梁断面290毫米×210毫米，梁下加腋长300毫米，顶板厚160毫米，在东西两侧顶板中部各设置一个直径0.4米的圆形采光口，盖以玻璃。二层内部空间由3轴、4轴、B轴上的双面灰板壁、双面木板壁分割为5个办公区域。5个办公区域东西对称，中间共享一个4.81米×3.58米的采光井，采光口周边环以铁艺栏杆。二层地面均为清水混凝土地面。由于东侧相邻建筑的屋面紧靠布行外墙，故东侧外墙的窗洞为了避让邻座屋面，高低开设，其余立面设窗高度均在950~1100毫米。在二层办公区的西南角为楼梯间，设26级混凝土楼梯至三层，踏步宽度为0.9米，高度为0.165米。在二层南侧设有竖向货物吊升井，井口1.8米×1.46米，周边环以铁艺栏杆。（图5-4-7）

三层建筑空间：三层作为仓库使用，其柱位与下层一一对应，但混凝土柱断面仅为260毫米×260毫米，其外墙较二层进一步减薄为260毫米厚。三层板底净高3.07米，上部主混

图5-4-8　采光玻璃天窗（一）

图5-4-9　采光玻璃天窗（二）

图5-4-10　铁艺栏杆

图5-4-11　花砖样式

凝土梁断面370毫米×260毫米，次混凝土梁断面230毫米×210毫米，顶板厚220毫米。三层室内空间由四道双面木板壁分割为4个房间，房间两两相通。在南侧房间内设有竖向货物吊升井，井口1.8米×1.46米，周边环以铁艺栏杆。在三层平台的中部设置双坡采光玻璃天窗，U形钢与V形钢构成屋面骨架，上部嵌入木框架，其上架设玻璃，天窗混凝土框架四面均设玻璃窗，达到四面采光。（图5-4-8、图5-4-9）三层平台东西两侧均有女儿墙及铁艺栏杆围挡（图5-4-10）。在仓库上部屋面板还设有一个1.58米×2.88米的蓄水池，周边环以铁艺栏杆，唯独东北角空余一段，作为上人的入口。

4. 残损分析与保护措施

上杭路217号黄恒盛布行格局相对比较完整，原始状态尚可，由于主体建筑局部经过住户几次改造，内部空间已被改变，但整体框架结构保存较好，仅有一层至二层楼梯梁钢筋混凝土表层剥落。（图5-4-11）

1）一层

部位	残损分析	修缮措施
地面铺设	A轴至D轴由200毫米×200毫米×20毫米花砖铺设，明间由于后期污水井及管道埋地，缺失花砖约8平方米。 东西次间由于楼梯起步垫层及违建墙体的破坏，花砖破损缺失约9平方米。 D轴、E轴交1轴、3轴地面被后期违建时，渣土回填垫高，水泥抹面，经探挖出原天井部分条石地面。 一层西南角后期改建为洗手间，地面铺设防滑砖	A轴至D轴由200毫米×200毫米×20毫米花砖铺设，为了防止二次破坏，污水井井盖采用预制井盖，内嵌相近样式花砖（图5-4-11）。 剔除埋设管道所封堵的水泥面层，采用相近样式花砖铺设约9平方米。 使用相近样式花砖补配东西次间由于楼梯起步垫层及违建墙体损坏的花砖约9平方米。 破除D轴、E轴交1轴、3轴地面被后期违建时，回填垫高的地面，归安原天井部分条石地面，补配条石约6平方米。 剔除一层西南角后期改建为洗手间，地面铺设的防滑砖

续表

部位	残损分析	修缮措施
框架 （梁板柱）	原钢筋混凝土框架结构保存较好，在2轴、3轴间、5轴、6轴间各违建2根混凝土柱，断面380毫米×380毫米 大堂6根混凝土框架柱300毫米×300毫米露明，一根柱子留存部分装饰薄板100毫米×10毫米，其余混凝土柱上留存6道。 木条预埋件，装饰薄板缺失； 上部主混凝土梁断面470毫米×300毫米，次混凝土梁断面330毫米×210毫米，梁边灰塑线脚高160毫米，顶板厚160毫米。 明间柱、梁、板原壳灰面层已斑驳泛黄，东西次间均后期粉白灰翻新	清除钢筋混凝土框架结构上后期布设的电线，拆除在2轴、3轴间、5轴、6轴间各违建2根混凝土柱，断面380毫米×380毫米。 大堂6根混凝土框架柱300毫米×300毫米露明，制安柱面上缺失的装饰薄板100毫米×10毫米。 上部主混凝土梁断面470毫米×300毫米，次混凝土梁断面330毫米×210毫米，梁边灰塑线脚高160毫米，顶板厚160毫米。 拆除次间搭建的木阁楼，重新壳灰粉刷明次间柱、梁、板斑驳泛黄的面层
墙体	一层西次间立面墙体为福州解放初期槽砖砌筑，浅乌烟灰仿石抹面被局部拆卸开设门洞	北、东、西外墙为500毫米厚的砖砌填充墙体，五顺一丁砌筑。 青砖重砌D轴交3～4轴，缺失的原墙体，青砖补砌南侧原墙身上开设壁橱，重制打底抹灰层。 补砌南侧外墙局部被后期降低的墙身部分，剔除水泥抹面，重制墙帽。拆除一层大堂多道违建的砖墙。 保留福州解放初期槽砖砌筑的一层次间立面墙体，西侧外墙采用槽砖封堵后期开设的门洞，参照东侧修复窗扇
门窗扇	多个时期门窗扇共存	按现状修复
装修、装饰	北侧入户哥特式的尖拱门门框上的石雕被后期水泥沙抹面，楼梯起步处的铁艺栏杆缺失	剔除北侧入户哥特式尖拱门门框边的石雕上部水泥抹面，参照二层铁艺栏杆修复楼梯起步处栏杆

2）二层

部位	残损分析	修缮措施
地面铺设	原水泥地面保存较好	清除原水泥地面上后期的涂料等污渍
框架 （梁板柱）	原钢筋混凝土框架结构保存较好，在A轴、B轴交3轴、5轴间违建1根混凝土柱，断面380毫米×380毫米。 上部主混凝土梁断面450毫米×300毫米，梁下加腋长500毫米，次混凝土梁断面290毫米×210毫米，梁下加腋长300毫米，顶板厚160毫米。 明间柱、梁、板原壳灰面层已斑驳泛黄，东西次间均后期粉白灰翻新	原钢筋混凝土框架结构保存较好，拆除在A轴、B轴交3轴、5轴间违建1根混凝土柱，断面380毫米×380毫米。 上部主混凝土梁断面450毫米×300毫米，梁下加腋长500毫米，次混凝土梁断面290毫米×210毫米，梁下加腋长300毫米，顶板厚160毫米。 重新壳灰粉刷明次间柱、梁、板斑驳泛黄的面层
墙体	南、东、西外墙为380毫米厚的砖砌填充墙体，五顺一丁砌筑。 南侧外墙中部后期开设窗洞0.75米×1.24米。 二层办公区域被后期多道120毫米厚砖墙隔成多个房间。 部分外墙砖胎局部松散，风化，详见相关勘测立面图	南、东、西外墙为380毫米厚的砖砌填充墙体，五顺一丁砌筑。 青砖补砌南侧外墙中部开设窗洞口0.75米×1.24米。 拆除二层办公区域后期违建的多道120毫米厚砖墙。 青砖挖补西侧外墙墙身松散的部位
门窗扇	多个时期门窗扇共存	按现状修复
装修、装饰	铁艺栏杆上部木寻杖、铸铁件部分缺失	制安铁艺栏杆上部缺失的木寻杖、铸铁件

3）三层

部位	残损分析	修缮措施
地面铺设	原水泥地面保存较好	清除原水泥地面上后期的涂料等污渍
框架 （梁板柱）	原钢筋混凝土框架结构保存较好，在A轴、B轴交3轴、5轴间违建1根混凝土柱，断面380毫米×380毫米。 上部主混凝土梁断面450毫米×300毫米，梁下加腋长原钢筋混凝土框架结构保存较好，上部主混凝土梁断面370毫米×260毫米，次混凝土梁断面230毫米×210毫米，顶板厚220毫米。 次间柱、梁、板原壳灰面层已斑驳泛黄，明间后期粉白灰翻新	原钢筋混凝土框架结构保存较好，上部主混凝土梁断面370毫米×260毫米，次混凝土梁断面230毫米×210毫米，顶板厚220毫米。 重新壳灰粉刷明次间柱、梁、板斑驳泛黄的面层
墙体	南、东、西外墙为260毫米厚的砖砌填充墙体，五顺一丁砌筑。 北侧、东侧在原有女儿墙上搭建砖墙，南侧外墙转角处遍布杂树、杂草	南、东、西外墙为260毫米厚的砖砌填充墙体，五顺一丁砌筑。 拆除北侧、东侧在原有女儿墙上搭建的砖墙及砖木建筑，摘除南侧外墙转角处的杂树、杂草
门窗扇	多个时期门窗扇共存	按现状修复
装修、装饰	南侧竖向井铁艺栏杆缺失，东侧铁艺栏杆缺失	参照二层铁艺栏杆制安南侧竖向井铁艺栏杆，制安东侧缺失的铁艺栏杆

5. 修缮要点说明

1）补砌、重砌墙体

采用MU10标准青砖及M7.5混合砂浆砌筑。粉刷层作法：20毫米厚田土草泥灰打底并找平，2至3毫米厚壳灰面层。标准青砖规格为：235毫米×115毫米×55毫米。

2）条石地面

（1）采用100毫米厚条板石密缝铺墁，长度1500～1800毫米（所有条板石露明处均二剁）；

（2）30～60毫米厚细砂结合层；

（3）素土夯实。

3）混凝土构件耐久性处理

（1）对于混凝土大面积脱落，截面尺寸明显削弱，钢筋锈蚀的梁、柱构件（详平面图），凿动松动的混凝土至坚实部分，使钢筋全部露出，将钢筋锈蚀部分清理干净，测量缺损面积，大于5%的，新增钢筋与原钢筋焊接，并增补箍筋后采用C30自密实混凝土重新浇筑，使得截面尺寸保持不变。

（2）对于混凝土结构表面未出现问题的构件，现场施工前先进行敲击检查，若发出空鼓声的，将空鼓的保护层全部凿除，将锈蚀钢筋用钢丝刷除锈并清洗钢筋，用C30自密实混凝土重新浇筑保护层。为保证新混凝土与原结构的可靠结合，可将缺陷周围先凿毛，清理干净，并涂刷一层水泥浆界面剂。

4）混凝土外表面构件裂缝修复

（1）当裂缝宽度小于0.2毫米时，采用表面封闭法即利用混凝土表层微细独立裂缝或网状裂纹吸收低粘度且具有良好渗透性的修补胶液，封闭裂缝通道，对于楼板及其他需要防渗部位，应在混凝土表面粘贴纤维复合材料以增强封护作用。

（2）当裂缝宽度大于0.2毫米且小于0.5毫米时，可采用压力注浆法即在一定时间内，以较高压力将修补裂缝用的注浆液压入裂缝腔内，注射前应对裂缝周边进行密封，并应进行粘贴碳纤维布或外加蚂蟥钉处理。

（3）当裂缝宽度大于0.5毫米时，可采用填充密封法，即在构件表面沿裂缝走向骑缝凿出槽深和槽宽分别为20毫米和15毫米的U形沟槽，然后采用改性环氧树脂充填，并粘贴纤维复合材料以封闭其表面。

（4）裂缝修复材料按《混凝土结构加固设计规范》（GB 50367—2013）第14.1.5条第2点选用，材料的浆液和注浆料的基本性能指标应符合《规范》第4.6节规定，修补技术要求详《混凝土结构加固设计规范》（GB 50367—2013）第14.2节规定。

5）铁栏杆除锈

采用专业除锈剂喷涂，擦洗。应根据锈蚀程度、厚度等因素选择合理浓度和清洗时间，可稀释3～10倍使用，对于浮锈，稀释20倍以上仍有良好的效果，采用浸泡、浸渍、涂刷、喷雾、强制循环、超声波清洗均可。

二、商务总会旧址

1. 建筑群概况

设于上杭路100号的"福州商务总会"，是20世纪初议行论市、互通信息、商务咨询、仲裁纠纷的商界民间社团组织。自清光绪三十一年（1905年）成立起，至1949年8月福州解放止，福州商会经历了"福州商务总会"和"福州总商会"两个历史时期（不包含日占福州期间成立的伪商会）。现存建筑群占地约3300平方米，1991年其八角亭（魁星楼）被评为区级文物保护单位，经过2010年与2014年两次修缮后，2015年整体建筑群被评为省级文物保护单位。

2. 历史概况

民国时期的"福州商会"，是议行论市、互通信息、商务咨询、仲裁纠纷的商界民间社团组织，具有很高的威望。历任的商会会长发扬了"闽商"的"义利相合、勇担道义、恋祖爱乡、回馈桑梓"的精神，在政治、经济、文教、社会治安、地方公益和慈善事业诸方面都做出很大的贡献，受到市民的广泛赞誉。

第一，积极投入反帝反封建斗争。清光绪三十一年（1905年）"福州商务总会"一成立，就响应"上海总商会"的号召，反对美国限制华工条约，掀起抵制美货的斗争，制定了福州商界抵制美货的八条公约。第二，积极参加禁烟运动。清道光二十四年（1844年），五口通商后，英国首先在台江鸭姆洲建立领事馆，并在上杭街开设首家"记连"洋行，以及在上杭横山一带开鸦片馆，该地遂成为洋人和买办的麇集之所，有"番仔弄"之称。第三，捐资兴办教育事业。商会成立的第二年，张秋舫、罗金城集资在大庙山创办福州商立二等学堂。第四，保境安民。1912～1916年，福州发生了福建政务院长彭寿松制造的暗杀案。北洋军阀袁世凯派爪牙岑春煊入闽驱彭离境。彭暗中搜集军火，购买汽油，指使党羽，准备将福州城付之一炬。经协调，由商会送"赠仪"10万银元，让彭离闽回湘，福州才免遭浩劫。第五，热心社会公益慈善事业。"救火会"原称"水会"，是双杭地区最早建立的商办商助的消防、救火组织。起初按行业建立，如纸、木材、油是最易引发火患的商品，救火会由这三个行帮首先成立。

3. 建筑群文物价值

光绪三十一年（1905年），福州巨商张秋舫（1840～1915年）会同旅沪的福州豪商罗筱波、李郁斋等从上海回到福州，为更广泛地团结同业，更有力地维护商业利益，与众同业公会的商帮人士筹组福州商务总会，以图成为全市众多同业公会和各商家的总领导机构，得到了广泛响应。年冬，"福州商务总会"正式成立。设会所（办公机关）于南台下杭街，规定立会的宗旨是"联络同业，开通商智，和协商情，调查商务，提倡政良，兴革利弊"。各个同业公会选举福州商务总会的领导人，推选张秋舫为首任总理，并获清政府农工商部的正式委任。会员45人，均是福州的绅商。

宣统三年（1911年）福州商务总会以白银11350两向杨孙耀购买上杭街48号房屋作为商会新会所。会所位于上杭街后山——彩气山上，是以占地360平方米的魁星楼（八角亭）为核心的园林建筑群，是清末、民国福州地区各商帮、商行从事贸易活动的重要场所。在其数十年的发展过程中，发扬了"闽商"的义利结合、勇担道义、热爱家乡、回馈桑梓的精神，在经济、政治、文教和公益慈善事业等方面，都做出了重大贡献，受到了福州市民的广泛赞誉。

4. 建筑群布局

商务总会建筑群为福州传统民居风格，坐北朝南，建筑依山而建，布局紧凑，总面积约3300平方米。建筑群分为三个院落组成（图5-4-12、图5-4-13）：正落、东侧落及花园、西侧落。

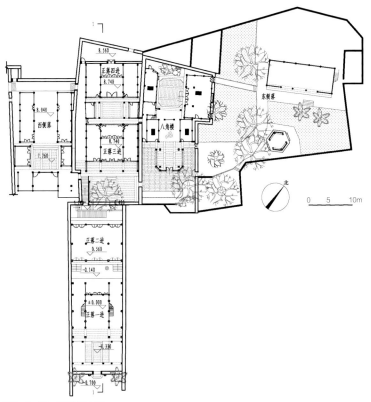

图5-4-12　建筑群布局

图5-4-13　建筑群整体鸟瞰图

正落为四进院子，纵深依山而建，一进至四进总高差约为9.4米（图5-4-14、图5-4-15）。均为清代建筑形制，民国后门窗扇装修。建筑立面门洞上方原匾额内从右向左灰塑"福州市商会"（图5-4-15），"文革"时期在外层从左向右重新灰塑福州市工商联，并在两侧设立爱奥尼柱式。第一进总面阔约11.6米，主座为三开间七柱进深的穿斗式建筑，其南侧带有入户门廊（图5-4-16）。主座明间后小充柱为"一"字屏门，东西次间为溪水楼，并设有爬梯。后檐柱外侧设一排垂花柱及栏杆为溪水楼的后挑台，内部为火焰轩，檐口处设有擎檐雕花牛腿，构件精美为福州地区少有的建筑结构。第二进主座原为五柱进深约8.1米，面阔三间的穿斗式建筑，但被后期改建为交际舞厅使用，其前后充柱均被锯断，且整体建筑被抬升。倚着护坡折上至三进前天井，天井植有一株樟树。天井北侧三进主座总面阔14.6米，为三开间西侧夹弄道，七柱进深带前后轩廊的穿斗式建筑。明间后充柱为"一"字屏门。建筑次间前后槛窗及明间前后隔断均为20世纪50年代风格，其前后檐出轩廊，上部弯枋雕刻精美。跨过后天井及两侧披榭来至第四进，四进主座为三开间西侧夹弄道，五柱进深的穿斗式建筑。建筑前檐设垂花柱及弓梁，雕饰精美卷草纹样。主座背靠山墙，山墙外设庭苑与北侧的登山道衔接。

正落三、四进西侧为西落主座，其主体建筑为明代梁架，面阔三间西侧夹弄道

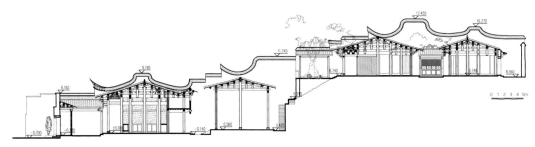

图5-4-14 建筑群1-1剖面图

图5-4-15 入口正立面

图5-4-16 正落主座空间

约13.6米，进深六柱，南侧出轩廊，明间后充柱为"一"字屏门，建筑构件简洁粗大，南侧轩架上驼峰、座斗等明代特征明显。主座前后带天井，其南侧为一依山而建面阔三间的倒朝厅，为清代穿斗式建筑，其北侧出轩廊与天井两侧披榭巧妙结合，且屏门上部雕饰有精美的一斗三升宝瓶卷书。

正落三、四进东侧为八角楼主体建筑（图5-4-17）。清式重檐歇山带硬山双坡形制与北侧东西两厢房成"品"字形分布，三座建筑夹一天井。八角楼前植有一古榕，郁郁葱葱，古榕前缀以假山花台，额曰"碧波"，假山玲珑，古木参天，芳菲满目。南侧的主体建筑外观是四角攒尖顶，内部垂花及弓梁为暗八角，穿斗式木构架，重檐歇山顶。一楼为敞厅，原祀有一尊魁星塑像，后改成市工商联开会接待的地方，二楼是当年商会成员子弟读书的书斋，上部为外方内圆的轩棚式藻井。穿过八角楼，东西两侧为三开间厢房建筑，其斗栱、雀替、垂花柱等装饰木构保存完好，西厢为二层阁楼，有一道瓶式剪瓷花门可以上楼，亦可以经由北侧的假山石洞上楼，楼上为敞厅，设有美人靠及回纹栏杆，倚楼南望，可见八角楼的檐角高翘，如隼展翅（图5-4-18～图5-4-23）。在西厢一层外墙上还刻有一副对联，"林花著雨胭脂湿""水荇牵风翠带长"，正是唐代诗圣杜甫《曲江对雨》中的诗句。

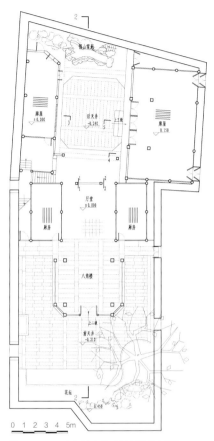

图5-4-17　八角楼主体建筑平面布置图

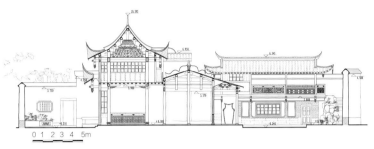

图5-4-18　八角楼2-2剖面图

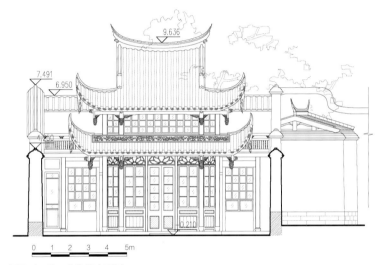

图5-4-19　八角楼立面图

图5-4-20　八角楼廊屋与天井空间

图5-4-21　八角楼各单体空间关系

图5-4-22　墙裙灰塑

图5-4-23 瓶式剪瓷花门

图5-4-24 花园空间（一）

图5-4-25 花园空间（二）

向东穿过八角楼即花园园林，园内现存一亭一楼，亭上可俯览上、下杭街市。楼为砖木结构的建筑，是中华人民共和国成立初期工商联的招待所。西侧植有古榕树四棵，并栽有各类花草。假山围绕六角亭堆砌，"虽由人作，宛自天开"，以建筑小品、山石、水体、花木为要素，庭院内地势错落有致、步移景异，为不可多得的登高避暑胜地。（图5-4-24、图5-4-25）

第五节　文化教育建筑

一、马尾朝江楼

1. 历史概况

潮江楼位于福建省福州市马尾区马尾镇旧客运码头边（前街177号）。始建于清末，原为二层砖木结构建筑，面阔三间，通面阔14米，进深28米，老板周用梁，初时开茗楼，后兼办旅社、菜馆。1930年重建后改为三层，占地面积262平方米，建筑面积约665平方米。目前，潮江楼主要为周用梁后裔，部分出售给外人。

1926年7月，国民革命军在广州誓师北伐。当年秋，王荷波受党中央的委派从上海回到福州。他此行特别使命是广泛发展统一战线，"策反"马尾海军，迎接北伐军入闽。10月，北伐军东路军入闽作战，北洋军阀张毅所部第一军从漳州向福州方向溃退；11月30日，张毅部队到达乌龙江南岸，准备过江入福州组织顽抗。11月30日王荷波以中共特派员的身份，同国民党代表林寿昌、海军代表林灿渊、林忠在马尾潮江楼旅社召开紧急会议——

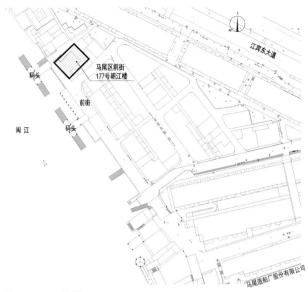

图5-5-1　区位图

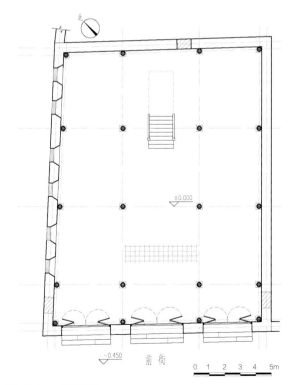

图5-5-2　一层平面图

"马江会议",达成了海军倒戈配合北伐军拦截张毅军的作战方案。会后海军出动,配合北伐军,把张毅部队堵在了闽江南岸,并乘胜将其消灭,还迫使省防司令李生春就范,迎接北伐军进入福州城,从而促使福州城免除一场兵灾。

王荷波,原名为王灼华,1882年生于福州,1922年加入中国共产党,1927年在北京被捕,11月11日就义,时年45岁。王荷波是中国工人运动先驱,是中国共产党早期领导人之一,曾与陈独秀、毛泽东等五人组成中央局。1927年中共五大建立党的第一个中央及纪律监察机构——中央监察委员会,王荷波当选中共中央监察委员会的首任主席。

1991年,该建筑被列为市级历史纪念地。

2. 建筑形制

前街177号潮江楼始建于民国时期,主入口朝西南,面朝前街闽江,从前街往东南方向可以直通马尾造船厂(图5-5-1),共三层,占地面积为262平方米,总建筑面积为655平方米。潮江楼是福州地区保留较为完好的传统民国建筑。

潮江楼东南面与东北面相邻有居民居住,西南面临闽江及码头,西北面临街巷及近代民居楼。潮江楼一层面阔三间、通面阔14.64米,共开三个门洞(图5-5-2),进深四间通进深18.34米,西北面共开门1个,窗户6个(其中三个被居民改为门洞使用),现状地面为水泥地面,因基础下沉地面开裂约30~50毫米,明间西北面居民后期加砌240毫米红砖墙隔断,明间东南侧后期加建一个房间及一个卫生间;二层面阔与进深与一层相同,西南面开3扇窗户,西北面开5个窗、西北侧有楼梯上三层,共6个房间(图5-5-3);三层前为前廊后为厅堂,前廊地面为红色斗底砖通缝铺墁,临街设三个栏杆可直接望闽江,前廊改为三间,后为厅堂,后期将厅堂

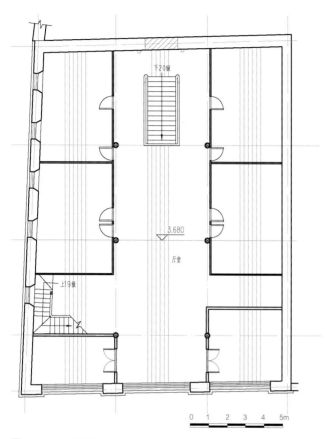

图5-5-3 二层平面图

改为两间使用，厅堂东南与西北两侧开窗户6扇，东北面开窗户2扇，屋面为民国三角屋架四坡顶（图5-5-4、图5-5-5）。

3. 建筑残损分析

1）具体残损分析

（1）墙体部分：福州自然因素河水潮汐，长期对驳岸冲刷导致基础下沉、墙体开裂。

（2）木构架部分：因地基沉降，整个体梁架歪闪、地面不平。

（3）屋面部分：天沟堵塞、屋面瓦件风化碎裂。

（4）木装修部分：因构架歪闪造成的多处灰板壁脱落，长期无法得到修复，内部骨架开始糟朽，表屋鱼鳞板糟朽等。

2）残损原因分析

经现场勘察，潮江楼主要的残损原因有：

（1）自然侵蚀

潮江楼至今已有百年历史，作为福州马尾片区传统砖木结构的古民居，主要以杉木、青砖、

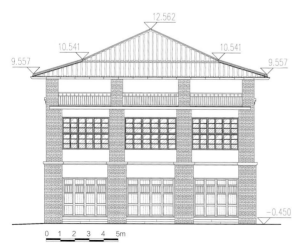

图5-5-4 西南立面图

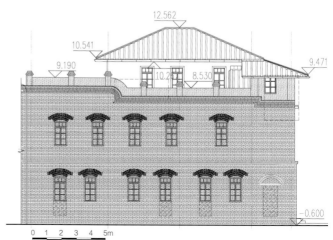

图5-5-5 西北立面图

图5-5-6　明间东南侧后期改建部分

图5-5-7　明间一层墙体后期抹水泥灰

灰板瓦、壳灰、三合土等为建筑材料，材质劣化是自然现象。福州是典型的亚热带季风气候，春季多雨，气温变化较大，夏季炎热，台风频繁。在这种气候条件下，屋面瓦片易开裂、破碎，灰浆等胶结材料易流失，椽板、望板等屋面木基层易糟朽；墙面易开裂、酥碱、风化、灰皮剥落。自然侵蚀是屋面、墙面残损的主要成因。

潮汐导致A轴至C轴基础下沉、西北与东北侧墙体开裂共4道。

（2）生物破坏

包括植物破坏、动物破坏和微生物破坏。潮江楼西北墙内草根盘错蔓延，造成砖砌体局部松散，青砖墙局部细微开裂抹灰层剥落严重、女儿墙松散。木构件，特别是长期潮湿的柱脚、屋顶木基层易受到白蚁蛀食及真菌腐蚀等破坏。

（3）人为因素

包括后期加建、改建、人为损坏、使用磨损及疏于日常养护管理等（图5-5-6、图5-5-7）。

疏于日常养护管理是被动性人为因素，日常养护管理是制止文物建筑因为自然侵蚀、生物破坏及其他人为因素而残损的最重要手段，是在破坏现象发生后防止破坏程度和范围进一步发展的主要手段。由于中华人民共和国成立后潮江楼仍有居民使用，平常虽进行小维修，但无法解决整体维修问题，以致屋面、构架、墙体、装修等经年失修而破坏愈加严重。

4. 修复方案

1）拟解决问题

此次修复主要解决问题如下：

（1）解决潮水对潮江楼地面、墙体、基础再造成延续破坏。

（2）保证日常涨潮时，潮水不会再侵害到潮江楼。

（3）修复墙体裂缝，对主体建筑大木构架打牮拨正、平归位地面。

（4）解决屋面漏水、渗水问题。

2）修缮方案

为了解决以上问题，我们提出以下三个设计方案：按现状维修加固、落架维修、加固后抬升。

（1）按现状维修加固

优点

对墙体裂缝做灌浆加固处理，打牮拨正木构架，调平归位地面，修缮屋面，最大限度保存了建筑的时代特征、结构特征、构造特征。

缺点

只能对墙体裂缝、大木构架、屋面进行维修，无法避免潮水对建筑的破坏，只能依靠未来规划建立防潮堤来解决潮水问题。

（2）落架维修，对潮江楼建筑做整体处理。

优点

整体建筑落架后将地面抬升至潮水最高水位之上。解决现阶段潮水对潮江楼的破坏，木结构部分按原样组装维修，并解决屋面漏水问题。

缺点

潮江楼四周围墙需要拆卸后重新砌筑基础及青砖围墙，大木构架及屋面需要进行整体拆卸，然后重新安装。

（3）整体建筑加固后做抬升处理

优点

最大限度保存了建筑的时代特征、结构特征、构造特征，并解决了潮水问题。

缺点

整体造价昂贵（现状潮江楼东侧、北侧有居民居住，需要协调）。

基于文物保护的最小干预原则，以及三个方案优缺点的对比，该工程采用方案——按现状维修加固。

3）修缮措施

依据文物建筑修缮设计原则和指导思想，结合现场勘察情况，以价值评估为基础，经详细鉴别论证，确定前街177号潮江楼革命历史纪念地建筑予以去除部分、必须保存现状及可以恢复原状的对象，以区别处理。（图5-5-11、图5-5-12）

（1）去除后代修缮、改建、重建后留存的无保留价值或相对价值较小的部分。

如：一层轴1至轴3后期加砌的240毫米厚红砖墙与整体建筑风格不相协调，予以去除；一层东北墙及东南墙体原门洞被封堵因两侧均有居民在居住，予以保留；二进房间内后加的隔断与整体风格不协调，予以去除；三层厅堂及前廊后加杉木隔断破坏了原平面隔局，与建筑风格不相协调，予以去除。

（2）对于局部残损、坍塌、变形、缺失或改变过的构件可根据实物遗存或经过科学考证和同期同类实物比较进行修缮、补配，恢复原状。

图5-5-8 墙体加固补砌

图5-5-9 按原样式修复女儿墙

如：一层入口的三个杉木板门恢复原状，除后加的红砖柱及门洞参照前街107号门扇样式补配制安。对西北而三道裂缝及东南一道裂缝进行加固修补处理，尽可能地修补墙体使其达到健康状态（图5-5-8）。

（3）墙体部分

为了让潮江楼能达到健康状态，主要解决潮水对潮江楼基础的延续破坏。按设计提出以下两个方案：

临时保护措施

为了阻止墙体进一步开裂，应对潮江楼前的驳岸进行灌浆加固、做防水处理，阻止潮水侵入基础。

长远保护措施

在"快安片区打造福州高新产业规划"中在沿江线上打造防潮汐工程来阻止潮水对潮江楼基础的破坏。经现场勘察后初步确认，现场西墙墙体产生裂缝的时间较久，而且没有新的裂缝产生，对开裂的墙体采用高标号混砂浆灌浆加固。

墙面

铲除墙面杂草、采用敌草隆对墙面进行喷洒除去草种使其不会再生。剔补缺失残损的青砖、重采用麻筋灰补配勾缝。铲除内墙面旧粉刷层采用M5混合砂浆打底找平、3毫米厚壳灰抹面。

女儿墙

铲除墙面杂草、采用敌草隆对墙面进行喷洒除去草种使其不会再生。对北面缺失的女儿墙参照东西两侧保存完好的样式补配制安。（图5-5-9）

（4）木构架部分

对歪闪下沉的大木梁架打牮拨正，按规格补配更换无法延续使用的梁柱。按原规格补配更换二层、三层因漏雨、蚁害等因糟朽的杉木楞木、楼板。

在靠墙部分插墙的楞木下方增加一榀与明间相对应的横向梁架来减轻两侧墙体的对楞木的承载力（图5-5-10）。

（5）屋面部分

补配糟朽的椽板望板，补配更换碎裂、风化的瓦件，对屋面重新铺瓦。全新制安排水沟、散水系统，使屋面排水达到正常状态。

（6）地面部分

一层：铲除水泥地面，参照三层前走廊斗底砖做法补配修复。

二层：按原规格补配更换残损的楞木及杉木地板。

图5-5-10 更换糟朽的木构架

图5-5-11 修复后的朝江楼

图5-5-12 相邻建筑立面整治——降层处理

三层：按原规格补配更换残损的楞木及杉木地板，对前走斗底砖地面重新修复铺墁。

（7）外立面整治工程

潮江楼东侧临前街177号，南临闽江，西临巷道，北临近前街172—174号及后期改建砖混三层楼居民房。应对立面进行优化改造，其中前街175号三层为后期搭盖建筑做降层处理，使立面整体风格与潮江楼相协调。（图5-5-11、图5-5-12）

（8）木构件的防腐防虫

维修时对所有木构件进行防腐防虫，具体工作可请防治白蚁专业人员进行。要求更换的构件先进行防虫防腐后才能安装，特别注意隐蔽部位的防腐防虫。与墙体接触的木构件，先进行防腐防虫后再刷防潮沥青安装。

二、省府礼堂

大礼堂坐落于省府路1号省府大院内。宋代以后均为衙门所在地，民国时期为省政府机关驻地。四面围墙，南临省府路，北接鼓西路，东倚宣政路（今八一七路北段），西靠肃威路。

1. 历史概况

该大礼堂建筑应为20世纪30年代开始修建。当时福州模仿国外建筑设计者逐渐增多，开始出现受西方建筑思潮影响和技艺影响的中西合璧式仿西式建筑，自发地吸取西方建筑成就，砖木结构、砖石结构取代全木结构，柱廊、壁柱的采用以及许多较大型建筑，如东街口人民剧场等立面采用以多立克柱支撑着三角形檐饰山墙的做法（包括省府大礼堂正立面做法）。其建筑整体构成与构筑方式并没有完全照搬西式做法，仍然存在许多地域特征，如屋顶为平瓦山坡或歇山顶屋面、老虎窗、对称布局等，都是福州本地的做法，所以省府大礼堂应该说是属福州民国后期，中西结合类型的建筑产物。

2. 建筑形制与残损分析

1）建筑形制

大院内建以大礼堂为中轴，大门口分列一对大石狮和两株百

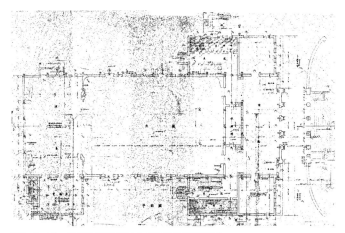

图5-5-13　省府礼堂平面图（1952年修建图纸）

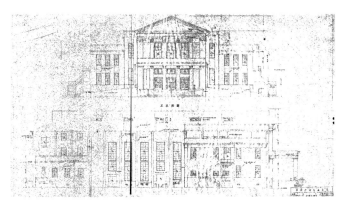

图5-5-14　正立面图、侧立面图

图5-5-15　20世纪70、80年代整修后老照片

年古榕。后为两栋双层砖木结构，其他均为单层砖木结构，院内有鱼池、假山、亭、花园。1949年年底至1960年，省人民政府在此办公，对旧建筑进行拆改和扩建，1952年由福建省建筑公司设计施工建造，堂内为单层砖木结构，木桩基础，长约61米，宽约39米，高约18米，建筑基底面积1549平方米，建筑面积2809平方米。（图5-5-13~图5-5-15）

2）残损分析

2002年省政府将大礼堂转租、让出单位作为剧场使用，针对其使用功能对其堂内，增加了一些实用性的设施，堂内原木门、楼梯扶手等均以楠木制造，有不少已丧失和被改装，对其外部的门面及出入口也做了不少更改，以及在南立面的墙上增加些装饰性的灰塑，原有的门窗大部分被封，侧立面及背立面基本上均为钢窗，也大部被堵，丧失和被改造的钢窗也有一部分。（图5-5-16~图5-5-19）

外墙外立面除正立面为仿块石粉刷（或喷涂外），其余各面包括左右侧附楼的砖墙，均为青砖清水砖墙，间插水泥壁柱和几道水泥梁框架，承担来自顶部屋架的支撑力。

屋盖部分：各屋面主要由两点式木屋架组合成歇山和四坡顶的屋面形式，木基层为木檩条和屋面板铺设，经勘察其三角形木屋架均较为完好，未发现有涉及安全的残损现象，可不做整修，木檩条也基本完好。只是檩条上密铺的厚3厘米的杉木屋面板有近80%已经老化或糟朽，需要更换；还发现局部有渗漏现象。（图5-5-18）

交际厅：交际厅始建略早于礼堂，清水砖墙，歇山屋面，经勘察其三角形木屋架均较为

1. 正立面现状

2. 正立面山花现状

3. 正立面柱子及门廊现状

4. 正立面灰塑及附属用房窗户现状

5. 正立面附属用房窗户边框现状

6. 正立面灰塑现状

7. 侧面檐口现状

8. 侧面后期加建楼梯及窗户现状

9. 侧面窗户现状

图5-5-16 省政府礼堂现状照片（一）

10. 侧立面及后附属用房现状

11. 侧立面窗户现状

12. 侧面后期加建现状

图5-5-17 省政府礼堂现状照片（二）

13. 侧面现状

14. 西侧后附属用房窗户现状

15. 侧面大部分窗户被封堵现状

16. 侧面后期摆放空调现状

17. 侧面现状

18. 北面窗户现状

19. 局部通风孔现状

图5-5-17　省政府礼堂现状照片（二）（续）

20. 侧立面通风孔现状

21. 侧立面通风孔现状

22. 侧面线脚样式

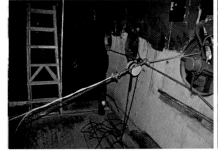

23. 侧面排气孔现状

24. 内部结构三脚架局部现状

25. 正面二层立面现状

图5-5-18　省政府礼堂现状照片（三）

26. 正面露台现状

27. 东立面现状

28. 北立面现状

图5-5-18 省政府礼堂现状照片（三）（续）

29. 交际厅侧面局部门窗现状

30. 交际厅侧面保留较完整窗户

31. 交际厅侧面现状（一）

32. 交际厅正立面局部现状

33. 交际厅正立面局部现状

34. 交际厅侧面现状（二）

35. 交际厅现状

36. 交际厅北立面现状

37. 交际厅北立面局部现状

图5-5-19 交际厅现状照片

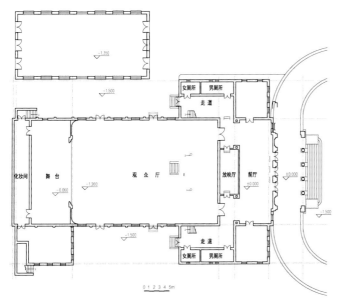

图5-5-20　一层平面图

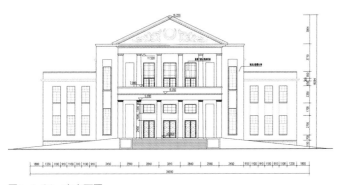

图5-5-21　南立面图

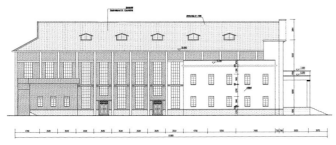

图5-5-22　西立面图

完好。后期转租后，为满足使用要求，改建较多，特别是南立面门窗和东西两侧加建柱廊。内部地面也被后期加高，局部改成两层，并增加很多包间等。顶棚加了很多吸声材料。（图5-5-19）

经过全面勘察，该建筑从结构安全度看，未发现有较大不安全因素，但是其屋面漏雨若不彻底维修，年久也威胁到屋架的安全，是安全隐患。

3. 修缮措施

1）修缮目的

（1）建筑外貌应恢复到1952年初建时省府原大礼堂的建筑原状。

（2）经整修后的大礼堂，应排除所有的安全隐患，做到标本兼治。

（3）对不符合1952年初建时大礼堂原状的改扩建部分均应经此次整修恢复到原建筑状态。

（4）拆除交际厅后期加建部分，恢复原有门窗。（图5-5-20~图5-5-23）

2）整修内容

（1）修复各个立面上的门窗，包括被封堵的、后期改建的和现状上有残损的门窗。

（2）屋面木基层，据现状勘测，屋面板需更换约80%，瓦件50%。

（3）整修墙面，包括正立面后期加建的灰塑和侧立面为排气扇排气而凿的墙洞，还有其他残损的墙体。

（4）礼堂立面恢复原来的清水砖墙，与旁边的交际厅的清水砖墙协调。

（5）整修礼堂和交际厅室内外地面。

图5-5-23　修复效果图

第六节　重要机构旧址

一、美国领事馆

1. 历史概况

2007年1月，福州市仓山区人民政府将美国领事馆（原办公楼）公布成为文物保护建筑。第一次鸦片战争失败后，福州被迫辟为通商口岸，西方列强纷纷在福州设置领事馆，进行经济、文化侵略活动。英国于清道光二十四年（1844年）首设领事馆。咸丰四年（1854年）、十一年（1861年），美、法两国分别建馆。自同治二年（1863年）以后，相继有荷兰、葡萄牙、西班牙、丹麦、瑞典、挪威、德国、俄国、日本等国先后设馆。光绪六年至二十八年（1880~1902年），又有奥匈帝国、比利时、意大利先后设馆。最后尚有墨西哥于光绪二十九年（1903年）建立领事馆，共计17个国家，设15个领事馆。其中，奥匈帝国领事馆领事由英领事星察里兼任，墨西哥领事馆领事由该国驻港领事兼任。这些领事馆均设在仓山区，大都依照本国近代建筑风格，多为二三层西式楼房，瓦屋顶四面倒水，外墙弧形或折叠形，装修考究，较早使用了诸如自来水、电话等先进的市政设施。抗日战争爆发后，各国领事撤离，建筑物改作他用，现多为公房和学校附属设施。

1854年美国首任驻福州领事颛士格立到任，在对湖路（现麦园路84号）建两座洋楼作为馆舍。领馆级别为正领事级。办公楼坐西朝东，砖木结构（局部石墙及钢筋混凝土楼板），二至三层楼房，门窗高大，采光通风条件极佳。后改为福州卫生学校图书馆，现属于

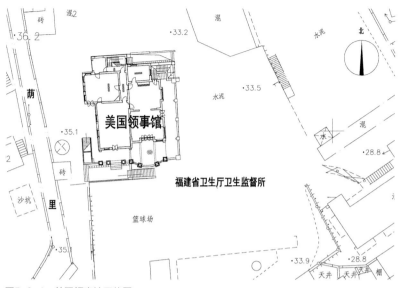

图5-6-1　美国领事馆区位图

图5-6-2　南立面现状

图5-6-3　东立面现状

图5-6-4　东北立面现状

图5-6-5　北屋面俯视图

福建省卫生厅卫生监督所。另一座华人员工宿舍为红砖木结构西式三层楼。第三层小礼堂每周六晚举办音乐演奏会，音乐爱好者可免费进入欣赏。以上两座建筑面积2076.68平方米。员工宿舍楼已拆，现改建为学生宿舍。

建筑为第四批区级文物保护单位，并立碑。（图5-6-1）

2. 建筑形制与价值评估

1）建筑形制描述

美国领事馆（原办公楼）位于仓山区麦园路84号，依山而建，坐西朝东，占地约426平方米，建筑面积约1000平方米。该楼为二至三层砖木结构（局部石墙及钢筋混凝土楼板），东侧地势平坦，西侧为山地，故由东至西从三层过渡至两层。整座建筑平面转角较多，南侧局部为弧形走廊（图5-6-2~图5-6-5）。外墙原为黄色饰面，现刷为白色，立面门窗及装饰线脚丰富。屋顶为典型的三角木屋架形式（图5-6-6、图5-6-7），但高低错落，随平面转角灵活多变。屋面红瓦覆顶，立有烟囱。建筑物采光、通风良好。室内铺装木地板，原有壁炉（现均缺失），门窗及墙体装饰线脚丰富。

2）价值评估

美国领事馆真实地反映了清末西方列强对中国进行经济、文化侵略的这段史实，对现有的文献史料

图5-6-6　三角屋架局部（一）

图5-6-7　三角屋架局部（二）

图5-6-8　采用石材砌筑的外廊

图5-6-9　平面转角处理

图5-6-10　三层南侧走廊阳台后期改为房间

图5-6-11　西南角后加楼梯

具有证实、补充、订正的作用。此外，美国领事馆保留了本国近代建筑风格及各个时期维修的历史痕迹，见证了中西方文化交流，是福州近代史的重要组成部分，具有较为突出的历史价值。

美国领事馆既有西式建筑的特点，又因地制宜，采用当地的石材、木材等作为建筑材料（图5-6-7），并结合山形地势合理布局（图5-6-8、图5-6-9），是福州仓山区近代建筑的典型代表，具有一定的艺术与科学价值。

总之，美国领事馆对福州地方文化、建筑史、建筑形制及工艺研究等方面具有较高价值。

3. 勘察内容及残损状况

通过对美国领事馆（原办公楼）这座区级文物保护单位的初步勘察，文物建筑现状的完整性、真实性及安全性存在不同程度的问题，亟待修复。具体如下：

1）平面布局

因后期建设需要，东侧及南侧地面被加高，造成东侧一层地面低于现外地面约500毫米，大雨时易积水；而南侧走廊因地面加高及楼梯改建影响正常出入，故后期被改建为房间。且后期为满足消防和使用功能的需要，在建筑西南角加建一部砖混楼梯，与南侧阳台连为一体。（图5-6-10、图5-6-11）

图5-6-12　瓦屋面后期局部改建/防水铁皮生锈

图5-6-13　外墙面抹灰层酥碱剥落或滋生苔藓
和霉斑

2）屋面

在现有勘察条件下，屋面烟囱、屋脊等尺寸均为暂估，待施工时进一步补充勘测。部分烟囱残损，瓦件被改建或残损约90%，瓦底防水材料亦残损严重，屋脊被改建或残损约90%，白铁皮天沟生锈残损约90%，雨水渗漏较严重，使屋面椽板受潮糟朽残损约95%，断面规格为110毫米×30毫米。封檐板糟朽残损约90%，断面规格为120毫米×30毫米。（图5-6-12）

屋顶木构架：

（1）柱：材质为杉木。存在不同程度的糟朽和开裂现象，在现有勘察条件下，残损率暂定为50%。

（2）梁：材质为杉木。存在不同程度的糟朽、开裂、弯曲、变形，在现有勘察条件下，残损率暂定为60%。

（3）檩条：材质为杉木。存在不同程度的糟朽、开裂、弯曲、变形，在现有勘察条件下，残损率暂定为60%。

3）墙体及柱子

一层局部石墙、石柱及石拱券保留较好，其他均为砖墙。约40%砖墙外墙面抹灰酥碱剥落或滋生苔藓和霉斑。整个砖外墙现为白色面层，但局部抹灰酥碱剥落后露出原黄色砂灰面层。室内墙面为草泥灰打底找平，麻筋灰抹光。约30%内墙面抹灰酥碱剥落或滋生霉斑。南侧廊柱保留较好，但面层抹灰局部酥碱剥落，或滋生苔藓和霉斑（图5-6-13）。且廊柱内部材料及构造不详，待施工时进一步勘测。

4）地面

一层东侧走廊地面铺瓷砖（图5-6-14），规格为400毫米×400毫米，约40%隆起，约25%被加高，改为水泥砂浆抹面。二层南侧阳台部分地面铺边长170毫米的正六边形红色斗底砖，残损约30%。三层南侧东边部分阳台面层红色斗底砖缺失，现为木地板。其他阳台均为水泥砂浆地面，保留较好。室内除了西北角二层、三层两个小房间为水泥砂浆地面，其他均铺设木地板，局部残损或被改建，面层刷蓝灰色油漆，局部起甲、剥落，其规格及残损情况详见相关勘测图。室内壁炉均缺失，部分地面保留80毫米×80毫米×10毫米瓷砖，残损或缺失约50%。

图5-6-14 一层东侧走廊地面瓷砖

图5-6-15 西立面窗扇局部后期改制

图5-6-16 原有吊顶残损严重

图5-6-17 地下通气口现状

5）门窗

该建筑外立面大部分为双层门窗，但外层门窗均缺失，部分内层门窗被移至外层。现所有门窗面层现刷蓝灰色或绿色油漆，局部油漆起甲、剥落后露出原黄色面层。（图5-6-15）

6）吊顶

二层南侧阳台及二层西北角小房间吊顶均为后期改建。原吊顶残损约95%，吊顶下灰塑线脚残损约50%。（图5-6-16）

7）其他

在现有勘察条件下，地下通气口仅能勘测到大致位置及尺寸，待施工时进一步补充勘测（图5-6-17）。

4. 修缮措施

根据现状存在的问题，制定相应的解决方案及措施：

1）平面布局

为与周边环境协调并满足使用功能的需要，保持东侧及南侧被加高的外地面及南侧后期改建的楼梯，加强一层东侧走廊的排水设施，解决大雨时的积水问题；同时保持一层南侧走廊改建的房间。而为了满足消防及使用功能的需要，暂时保留建筑西南角后期加建的楼梯。（图5-6-18）

2）屋面

所有屋顶全部揭瓦后重新铺装。更换残损或改建的瓦件及屋脊构件均约90%，瓦底防水材料全部更换（瓦件、屋脊构件及瓦底防水材料用料及制作工艺暂不明确，建议甲方取样送建材研究部门鉴定后，再做针对性设计措施）。更换白铁皮天沟约90%，更换糟朽残损的椽板约95%，封檐板约90%。揭瓦时应进一步对烟囱、屋脊、瓦件、椽板、封檐板等规格及其相应的残损数量，以及各砌筑材料做详细勘察记录。若规格、残损数量与实际情况不符，应按实际情况修缮。椽条弯垂不超过长度的2%可继续使用。拆卸过程中应尽量小心使瓦件不受损。屋面铺装应平整顺直，瓦线一致，搭头搭接应紧密。（图5-6-19）

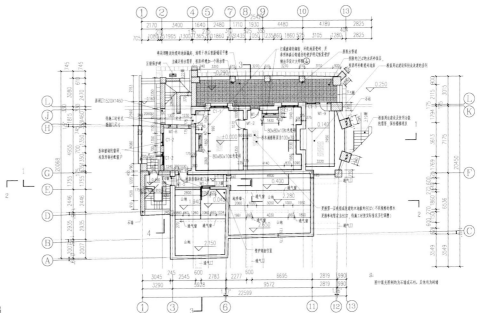

图5-6-18　恢复原有的平面布局

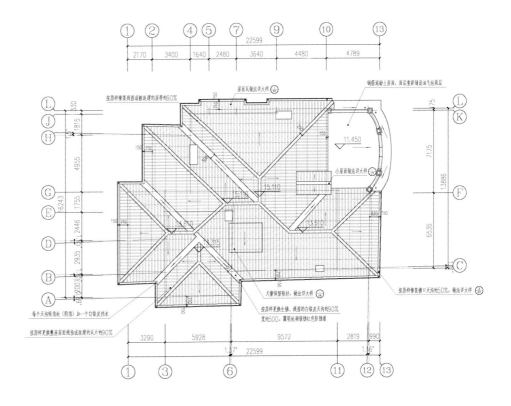

图5-6-19　屋面俯视图

3）屋顶木构架

（1）柱

材质为杉木，更换率暂定为50%。施工时应根据下列情况进行维修：

①木柱产生裂缝深度不超过柱径的三分之一，采用同样材质的木条嵌补，并采用粘接牢固的方法进行维修。

②木柱产生裂缝较大且深度超过柱径的三分之一时，如果裂缝不是因为构架倾斜、扭转等结构改变、失稳造成的非自然开裂，应采用木条嵌补，并用耐水性粘胶剂如环氧树脂胶粘牢。

③在维修中发现柱子出现结构损坏，如荷载较大、木柱截面较小、承载力不足等原因造成严重劈裂、裂缝较大（应特别注意受力裂缝及继续发展的斜裂缝），而且木柱无重要文物及艺术价值时，可予以更换。

④柱心完好仅表面糟朽，应剔除干净糟朽部位，经防腐处理后，用同种干燥木材依原样和原尺寸修补整齐，并用耐水性粘胶剂如环氧树脂胶粘接。

⑤柱脚糟朽严重的，可采用墩接柱脚的方法处理。先将腐朽部分剔除，再根据剩余部分选择墩接的榫卯式样，如"巴掌榫""抄手榫"等。施工时，应注意使墩接榫头严密对缝。

（2）梁

材质为杉木，更换率暂定为60%。修缮时尽量充分利用原有保存尚好的杉木材料，若出现一定程度的糟朽、下沉，可采用更换、原位修复的措施，对于松散构件进行加固的方法予以处理，弯垂不超过长度的1%可继续使用。部分勘察不清的地方，待满足勘察条件后进一步完善修缮方案。

（3）檩条

材质为杉木，更换率暂定为60%，需要按原规格、原材料更换。施工时应进一步对柱、梁、檩条的规格及其相应的残损数量，做详细勘察记录。若规格、残损数量与实际情况不符，应按实际情况修缮。

4）墙体

一层局部石墙、石柱及石拱券保留较好，但在施工前应进一步核实病态情况。清理砖墙外墙面及南侧廊柱面层酥碱剥落或滋生苔藓和霉斑的抹灰层约40%，然后按原做法用砂灰重新打底找平，面层麻筋灰抹光。整个砖外墙均用淡黄色颜料重新粉刷一遍（图5-6-20、图5-6-21）。清理室内墙面酥碱剥落或滋生霉斑的抹灰层约30%，然后按原做法用草泥灰打底找平，麻筋灰抹光。

5）地面

将一层东侧走廊隆起的瓷砖地面撬起，清理干净后重新铺设平整。

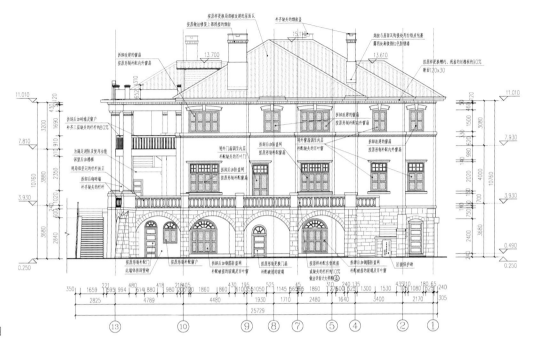

图5-6-20　东立面图

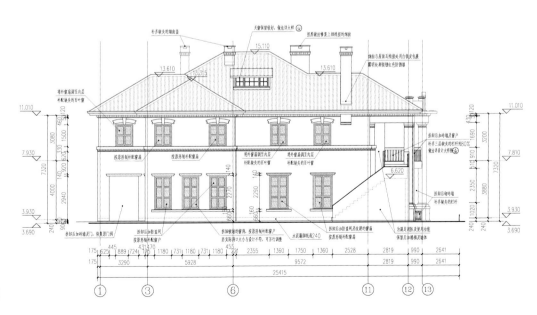

图5-6-21　西立面图

若有残损按实际缺失数量补配。同时拆除被加高的水泥砂面层约25%，按原样补配缺失的瓷砖。按原样补配二层南侧阳台残损的边长为170毫米的正六边形红色斗底砖约30%。按二层做法补配三层南侧东边部分阳台缺失的红色斗底砖100%。按原样更换室内残损或改建的木地板，具体修缮情况详见相关设计图。剔除木地板面层起甲、剥落的油漆，按原样重新刷蓝灰色油漆。楞木规格及修缮情况亦详设计图。打通被堵的烟囱，清洗并补配壁炉前残损或缺失的瓷砖地面约50%，规格为80毫米×80毫米×10毫米，然后参照仓山区林森公馆遗存的壁炉样式补配全部缺失的壁炉。（图5-6-22）

6）门窗

按原形制补配缺失或改建的门窗，剔除所有门窗面层油漆，重新刷黄色油漆。（图5-6-23）

7）吊顶

拆卸二层南侧阳台及二层西北角小房间后期改建吊顶，按原做法修复残损或改建的吊顶约95%。按原样修复吊顶下残损的灰塑线脚约50%。

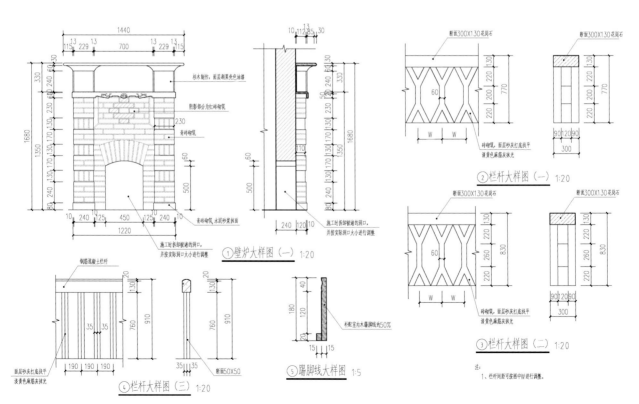

图5-6-22 壁炉与栏杆的修复大样

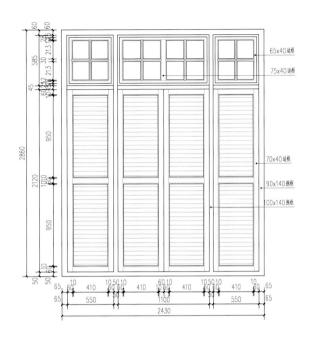

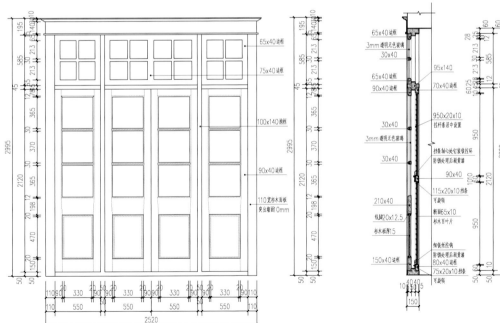

图5-6-23　窗扇做法大样图

参考文献

［1］高鉁明，王乃香，陈瑜. 福建民居［M］. 北京：中国建筑工业出版社，1987.

［2］戴志坚. 中国建筑民居丛书——福建民居［M］. 北京：中国建筑工业出版社，2009.

［3］戴志坚. 闽海民系居建筑与文化研究［M］. 北京：中国建筑工业出版社，2003.

［4］曾意丹. 福州古厝［M］. 福州：福建人民出版社，2019.

［5］王效青. 中国古建筑术语辞典［M］. 太原：山西人民出版社，1996.

［6］王其钧. 中国建筑图解词典［M］. 北京：机械工业出版，2016.

［7］阮章魁. 中国民居营建技术丛书——福州民居营建技术［M］. 北京：中国建筑工业出版社，2016.

［8］罗景烈. 福州传统建筑保护修缮导则［M］. 北京：中国建筑工业出版社，2019.

［9］林旭昕. 福州"三坊七巷"明清传统民居地域特点及其历史渊源研究［D］. 西安：西安建筑科技大学，2008.

［10］邱守廉. 福州古民居建筑断代分析［J］. 福建文博，2010，（02）：19-25.

［11］郑瑜. 福州近代居住建筑典型类型分析［J］. 福州大学学报（自然科学版），2006，（10）：721-726.

［12］全国人民代表大会常务委员会. 中华人民共和国文物保护法［S］. 2017年修正.

［13］国家文物局. 不可移动文物认定导则（试行）［S］. 文物政发［2018］5号.

［14］中华人民共和国住房城乡建设部. 历史文化名城保护规划标准. GB/T 50357—2018［S］. 2018.

［15］国际古迹遗址理事会中国国家委员会. 中国文物古迹保护准则［S］. 北京：文物出版社，2015.

［16］中华人民共和国住房城乡建设部. 古建筑木结构维护与加固技术规范. GB/T 50165—2020［S］. 2020.

［17］福建省人民代表大会常务委员会. 福建省文物保护管理条例［S］. 2009.

［18］福州市历史文化名城管理委员会，福州市文物局. 福州市古厝认定标准及普查登记规程［S］. 2021.

［19］福建省第十三届人民代表大会常务委员会. 福建省传统风貌建筑保护条例［S］. 2021.

［20］福州市历史文化名城管理委员会，福州市历史建筑保护修缮改造设计技术导则（试行）［S］. 2021.

［21］福州市历史文化名城管理委员会，福州市历史建筑保护修缮改造施工技术导则（试行）［S］. 2021.

［22］福州市历史文化名城管理委员会. 福州古厝特征图谱［Z］. 2021.

福州古厝保护修缮案例根据以下人员提供的资料整理：

类型		建筑名称	资料提供人员名单
古建筑	宅第民居	水榭戏台	郑远志、罗景烈
		芙蓉园	高华敏、黄秀萍、林箐、陈奕淼
	坛庙祠堂	补山精舍	陈成
		闽王祠	陈奕淼
	衙署官邸	淮安衙署	陈奕淼
	驿站会馆	安澜会馆	郑远志
		永德会馆	林树南
	寺观塔幢	报恩定光多宝塔	罗景烈、高华敏
		龙瑞寺	黄秀萍
	牌坊	林浦石牌坊	陈成
		竹屿木牌坊	郑远志
	桥涵码头	安泰桥	罗景烈、何明
		路通桥	康灿辉
	其他	公正古城墙	陈奕淼
		朱敬则墓	林敏
近现代建筑	宗教建筑	明道堂	唐旻
		石厝教堂	郑远志
	工业建筑	仓山春记茶会馆	林敏
	宅第民居	采峰别墅	林敏
		陈绍宽故居	郑远志
	金融商贸建筑	黄恒盛布庄	林箐
		商务总会旧址	林箐
	文化教育建筑	马尾朝江楼	陈奕淼
		省府礼堂	陈成
	重要机构旧址	美国领事馆	高华敏

〈后记〉

福州人文荟萃，英才辈出，悠久的历史和大量的文化遗存，为福州积淀了深厚的文化底蕴。福州古厝文化遗产除了不可移动文物，还分布着广泛的历史建筑、传统风貌建筑，这些都是福州古厝的组成部分，如何更好地开展福州古厝保护修缮的工作，重点在于度的把握。

本书基于近年来福州古厝的保护修缮实践，梳理了福州古厝类型，演进特征以及针对不可移动文物、历史建筑、传统风貌建筑保护修缮的技术要点；根据各个类型，遴选了不同类型的典型案例。

一、从不同角度梳理了福州古厝的分类，根据建筑的历史价值、艺术价值、科学价值和社会价值的重要性，将福州古厝划分为不可移动文物、历史建筑以及传统风貌建筑；按照建筑的年代划分为古建筑、近现代建筑两大类，并在此基础上按照建筑的不同功能进行细分；根据福州古厝工程的不同类型，划分为保护维护、抢险加固、修缮工程、保护性设施以及迁移工程。

二、从福州古厝的影响要素以及演进过程，梳理了福州不同时期的风格特点。

三、根据保护的重要性，针对不可移动文物、历史建筑、传统风貌建筑保护与利用的侧重点不同，根据实践案例，梳理保护修缮技术要点。

四、根据不同类型的福州古厝，遴选具有福州古厝代表性、典型性的案例，结合项目实践情况梳理总结保护修缮要点。

由于时间和篇幅有限，加之历史建筑与传统风貌建筑的保护与活化利用仍处于摸索阶段，书中仅对不可移动文物的保护修缮实践案例进行分析。不可移动文物具有较高的保护价值，传统格局、建筑特色、保护相对较好，对于福州古厝建筑特征具有代表性和典型性，透过不可移动文物的保护实践案例，可以更好地把握历史建筑、传统风貌建筑的核心价值要素，具有较强的指导意义，也可以更好地把握修缮的度及活化利用过程需要掌握的度，为后期开展活化利用打下夯实的基础。

福州古厝文化遗产的保护是为了更好地发展与传承。福州古厝分布广，类型丰富，不同类型的古厝文化遗产具有不同特性，需要我们以发展的眼光，因地制宜地推进保护工作，拓展福州古厝文化遗产保护内容，构建多元一体的文化遗产保护体系。

在本书的调研和编撰的过程中，得到了许多领导、学者和专家的关心和支持，特别是得到了古建所全体员工的大力支持，在此一并表示感谢。由于编者水平与调研深入有限，书中必然存在着缺憾和不足，敬请读者谅解与指正，若能承蒙同行专家、前辈等的赐教指正，必万分感谢！